数控车削加工技术与技能

主　编　李东君
副主编　文娟萍　何洪波　李清松
参　编　张秋霞　余　旋

北京理工大学出版社
BEIJING INSTITUTE OF TECHNOLOGY PRESS

内 容 简 介

本教材以培养学生数控车床编程与操作能力、弘扬大国工匠精神为核心，依据数控车床国家职业资格标准规定的知识与技能要求，按职业岗位能力需要的原则编写。教学内容按照分析工艺、拟定工艺路线、编写加工程序、仿真加工验证、检测工件、实际机床实训的流程，整个学习过程以企业典型案例为载体，深度融入课程思政，突出工匠精神、强化训练学生的综合技能，增强学生爱国主义情怀。

本教材分为认识数控车削加工、车削加工外圆柱/圆锥类表面、车削加工外圆弧类表面、车削加工螺纹类表面、车削加工孔类表面、数控车床操作、SIEMENS 802 S/c 系统数控车削加工简介、数控车削加工锥度小轴、数控车削加工球形三角螺纹轴、数控车削加工内锥套零件、数控车削加工长轴等 11 项任务。

本教材可作为职业院校机械制造及自动化、机电一体化技术等相关专业的教学用书，也可作为从事机械加工制造的工程技术人员的参考书及培训用书。

版权专有　侵权必究

图书在版编目(CIP)数据

数控车削加工技术与技能 / 李东君主编. -- 北京：
北京理工大学出版社，2021.9
　ISBN 978-7-5763-0311-7

Ⅰ.①数… Ⅱ.①李… Ⅲ.①数控机床-车床-车削
-加工工艺-高等职业教育-教材 Ⅳ.①TG519.1

中国版本图书馆 CIP 数据核字(2021)第 184693 号

出版发行 /	北京理工大学出版社有限责任公司
社　　址 /	北京市海淀区中关村南大街5号
邮　　编 /	100081
电　　话 /	(010)68914775(总编室)
	(010)82562903(教材售后服务热线)
	(010)68944723(其他图书服务热线)
网　　址 /	http://www.bitpress.com.cn
经　　销 /	全国各地新华书店
印　　刷 /	定州市新华印刷有限公司
开　　本 /	889毫米×1194毫米　1/16
印　　张 /	15
字　　数 /	305千字
版　　次 /	2021年9月第1版　2021年9月第1次印刷
定　　价 /	42.00元

责任编辑 /	陆世立
文案编辑 /	陆世立
责任校对 /	周瑞红
责任印制 /	边心超

图书出现印装质量问题，请拨打售后服务热线，本社负责调换

前言

　　本教材全面贯彻党的教育方针，落实立德树人根本任务，积极培育和践行社会主义核心价值观，体现中华优秀传统文化、革命文化和社会主义先进文化，弘扬劳动光荣、技能宝贵、创造伟大的时代风尚。突出职业教育的类型特点，统筹推进教师、教材、教法"三教"改革，深化产教融合、校企合作，推动校企"双元"合作开发教材。以职业教育国家规划教材建设要求为指导，充分发挥教材建设在提高人才培养质量中的基础性作用，努力培养德智体美劳全面发展的高素质劳动者和技术技能人才。

　　本教材融入全新的职教课改理念，实施工作任务驱动、产教融合等先进教学模式，教材的编写坚持以职业教育人才培养目标为依据，结合教育部关于数控等相关专业紧缺型人才的培养要求，注重教材的基础性、实践性、科学性、先进性和通用性。教材融理论教学、实际操作、企业案例、国家职业规范及技能认证为一体。教材的设计以实际工作过程为导向，以具体工作任务为驱动，按照数控加工职业岗位（数控车床操作与编程）的工作内容及工作过程，参照数控车床国家职业资格标准，对应职业岗位核心能力培养设置了 11 项工作任务，进行由浅入深的项目任务学习，最后完成零件的工艺设计、程序编制和加工操作的综合训练。同时按照国家职业规范进行数控车床技能强化训练，较好地符合了企业对数控加工一线人员的职业素质需要。

　　为了继续深化职业教育教学改革，结合国家智能制造的战略定位，及时掌握企业一线先进制造技术，将高新先进制造技术以及优秀企业文化引入教材。同时与行业专家、企业工程师及一线技工一起共同制订教学目标，优化学习项目，完善教材内容。优化职业素养、职业习惯的培养，将培养学生懂工艺、会编程、善管理、有责任心、与人沟通、团队协作等职业素养和职业规范行为纳入教材之中。教材充分体现以学生为中心、以教师为主导的教学方法，运用信息化、网络化技术等现代化教育技术，并配套课程资源共享网站，方便教师开展翻转课堂、线上线下混合式教学模式改革，为学生随时随地利用碎片时间学习提供便利，从而拓展了学生学习时间，最大限度地调动其参与学习的积极性。

　　本教材的先修主要课程有机械制图、金属材料、公差配合等，并行课程有机械制造等，后续主要课程有机械设计等。教材的教学条件要求配备专业机房，一人一机，为学生提供上机进行数控编程加工模拟训练，同时每45人配备1台数控车床，方便学生实践技能的提升训练。

本教材突出以下特点：

（1）教材按照国家职业教育人才培养为目标，注重基础性、实践性、科学性、先进性和通用性，融理实教学、企业项目为一体，强化培养学生综合职业能力，突出课程思政、大国工匠精神培养，实施教、学、做一体化，并与职业技能鉴定相结合；

（2）教材的每个工单任务，均按照任务描述、相关知识、任务实施、知识拓展、拓展训练、技能训练的顺序完成编写，进一步创新和优化了教程的知识技能体系，方便教学的实施，最大限度地提高了教程的使用效果。

（3）教材充实了职业技能考核案例与题库，进一步强化学生职业能力训练，方便学生自测与学习效果提升。

（4）教材信息化资源配套建设在江苏省成教精品课程基础上，建设学校资源共享课，其丰富的资源、在线测试题库等拓展资源，使学生或社会人员均可通过课程网站进行学习。

（5）教材编写团队梯队合理，由教授与工程师、教学名师与优秀竞赛指导教师、专业带头人与年轻讲师等共同组成，并且参编企业人员均来自一线的能工巧匠，所有编写成员的校企经历丰富。

教材配套资源在线开放课程网站网址：https://mooc1.chaoxing.com/course-ans/ps/80737931

本教材由南京交通职业技术学院李东君担任主编，北京铁路电气化学校文娟萍老师、佛山市顺德区陈村职业技术学校何洪波、山东工业技师学院李清松老师担任副主编。李东君主要承担任务1任务8的编写工作，文娟萍老师主要承担任务10的编写工作，何洪波老师承担任务9的编写工作，李清松老师承担任务11的编写工作。李东君负责全书的统稿，另外永城职业学院张秋霞、雷尼绍（上海）贸易有限公司余旋等参与部分内容的编写。本教材在编写过程中参考和借鉴了诸多同行的相关资料、文献，在此一并表示诚挚感谢！

限于编者水平经验有限，本教材难免有错误疏漏之处，恳请广大读者给予批评指正，以便日臻完善。

编 者

2021年5月

目录

任务 1　认识数控车削加工 ································· 1
　1.1　任务描述——数控车削仿真加工 ······················ 2
　1.2　相关知识 ·· 2
　1.3　任务实施 ·· 28
　1.4　任务评价 ·· 45
　1.5　职业技能鉴定指导 ·· 47

任务 2　车削加工外圆柱/圆锥类表面 ····················· 49
　2.1　任务描述——加工短轴 ····································· 50
　2.2　相关知识 ·· 50
　2.3　任务实施 ·· 67
　2.4　任务评价 ·· 69
　2.5　职业技能鉴定指导 ·· 71

任务 3　车削加工外圆弧类表面 ····························· 73
　3.1　任务描述——加工手柄 ····································· 74
　3.2　相关知识 ·· 74
　3.3　任务实施 ·· 87
　3.4　任务评价 ·· 89
　3.5　职业技能鉴定指导 ·· 90

任务 4　车削加工螺纹类表面 ································· 94
　4.1　任务描述——加工螺钉 ····································· 94
　4.2　相关知识 ·· 95

4.3	任务实施	106
4.4	任务评价	109
4.5	职业技能鉴定指导	111

任务 5　车削加工孔类表面 ……… 113

5.1	任务描述——加工套管	114
5.2	相关知识	114
5.3	任务实施	118
5.4	任务评价	120
5.5	职业技能鉴定指导	122

任务 6　数控车床操作 ……… 125

6.1	任务描述——加工宝塔零件	126
6.2	相关知识	126
6.3	任务实施	139
6.4	任务评价	141
6.5	职业技能鉴定指导	143

任务 7　SIEMENS 802S/c 系统数控车削加工简介 ……… 145

7.1	任务描述——应用 SIEMENS 系统加工轴类零件	146
7.2	相关知识	146
7.3	任务实施	167
7.4	任务评价	169
7.5	职业技能鉴定指导	171

任务 8　数控车削加工锥度小轴 ……… 173

8.1	任务描述——加工锥度小轴	174
8.2	相关知识	174
8.3	任务实施	182
8.4	任务评价	185
8.5	职业技能鉴定指导	186

任务 9　数控车削加工球形三角螺纹轴 ……… 188

9.1	任务描述——加工球形三角螺纹轴	189

9.2 任务实施 …………………………………………………………………… 189
9.3 任务评价 …………………………………………………………………… 192
9.4 职业技能鉴定指导 ………………………………………………………… 194

任务 10　数控车削加工内锥套零件 ………………………………………… 196
  10.1 任务描述——加工内锥套 ……………………………………………… 197
  10.2 任务实施 …………………………………………………………………… 197
  10.3 任务评价 …………………………………………………………………… 201
  10.4 职业技能鉴定指导 ………………………………………………………… 203

任务 11　数控车削加工长轴 ………………………………………………… 204
  11.1 任务描述——加工长轴 ………………………………………………… 205
  11.2 任务实施 …………………………………………………………………… 205
  11.3 任务评价 …………………………………………………………………… 209
  11.4 职业技能鉴定指导 ………………………………………………………… 211

参考文献 ……………………………………………………………………………… 232

任务 1

认识数控车削加工

知识目标

1. 了解数控车床结构与车削工艺（职业技能鉴定点）
2. 掌握机床坐标系确定原则（职业技能鉴定点）
3. 了解并掌握机床原点与参考点（职业技能鉴定点）
4. 熟悉工作坐标系及其设定（职业技能鉴定点）
5. 熟悉数控车床仿真软件
6. 熟悉数控车床加工仿真操作步骤

技能目标

1. 能分析数控车床结构（职业技能鉴定点）
2. 能分析车削工艺（职业技能鉴定点）
3. 会对刀设立刀补并确定相关加工坐标系（职业技能鉴定点）
4. 会使用数控车床加工仿真软件

素养目标

1. 培养学生大国工匠精神、爱国主义情操
2. 培养学生良好的道德品质、沟通协调能力和团队合作及敬业精神
3. 培养学生一定的计划、决策、组织、实施和总结的能力
4. 培养学生勤于思考、刻苦钻研、勇于探索的良好作风

1.1 任务描述——数控车削仿真加工

完成图 1-1 所示阶梯轴零件的数控仿真加工，毛坯为 $\phi25$ mm 棒料。

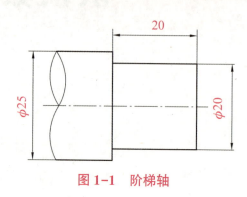

图 1-1 阶梯轴

1.2 相关知识

一、数控机床的分类

1. 按加工方式分类

（1）切削机床类：如数控车床、铣床、镗床、钻床和加工中心等。

（2）成型机床类：如数控冲压机、弯管机、折弯机等。

（3）特种加工机床类：如数控电火花机床、线切割机床、激光加工机床等。

（4）其他机床类：如数控等离子切割机床、火焰切割机床、点焊机、三坐标测量机等。

2. 按控制系统功能分类

（1）点位控制数控机床。点位控制数控机床只要求控制机床的移动部件从某一位置移动到另一位置的准确定位，对于两位置之间的运动轨迹不作严格要求，在移动过程中刀具不进行切削加工，如图 1-2 所示。具有点位控制功能的数控机床有数控钻床、数控冲床、数控镗床及数控点焊机等。

（2）直线控制数控机床。直线控制数控机床的特点是除了控制点与点之间的准确定位外，还要保证两点之间移动的轨迹是一条与机床坐标轴平行的直线，而且对移动的速度也要进行控制，因为这类数控机床在两点之间移动时要进行切削加工，如图 1-3 所示。具有直线控制功能的数控机床有比较简单的数控车床、数控铣床及数控磨床等。很少有单纯用于直线控制的数控机床。

（3）轮廓控制数控机床。轮廓控制又称连续轨迹控制，这类数控机床能够对两个或两个以上的运动坐标的位移及速度进行连续相关的控制，因而可以进行曲线或曲面的加工，如图

1-4 所示。具有轮廓控制功能的数控机床有数控车床、数控铣床及加工中心等。

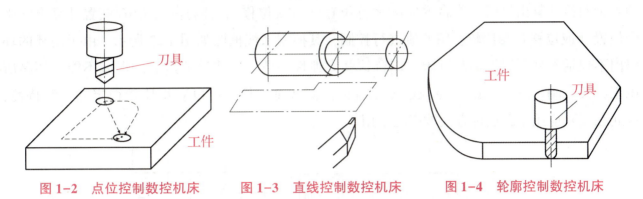

图 1-2　点位控制数控机床　　图 1-3　直线控制数控机床　　图 1-4　轮廓控制数控机床

3. 按伺服控制方式分类

（1）开环控制数控机床。这类数控系统不带检测装置，也无反馈电路，以步进电动机为驱动元件，控制系统框图如图 1-5 所示。CNC 装置输出的指令进给脉冲经驱动电路进行功率放大，转换为控制步进电动机各定子绕组依此通电/断电的电流脉冲信号，驱动步进电动机转动，再经机床传动机构（齿轮箱、丝杠等）带动工作台移动。这种方式控制简单，价格比较低廉，被广泛应用于经济型数控系统中。

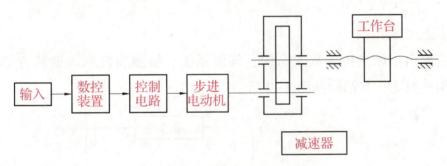

图 1-5　开环控制系统框图

（2）闭环控制数控机床。位置检测装置安装在机床工作台上，用以检测机床工作台的实际运行位置（直线位移），并将其与 CNC 装置计算出的指令位置（或位移）相比较，用差值进行控制，其控制系统框图如图 1-6 所示。这类控制方式的位置控制精度很高，但由于它将丝杠、螺母副及机床工作台这些大惯性环节放在闭环内，因此在调试时，其系统稳定状态很难达到。

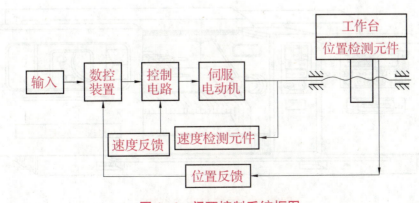

图 1-6　闭环控制系统框图

（3）半闭环控制数控机床。位置检测元件被安装在电动机轴端或丝杠轴端，通过角位移的测量间接计算出机床工作台的实际运行位置（直线位移），并将其与 CNC 装置计算出的指令位置（或位移）相比较，用差值进行控制，其控制系统框图如图 1-7 所示。由于闭环的环路内不包括丝杠、螺母副及机床工作台这些大惯性环节，这些环节造成的误差不能由环路所矫正，其控制精度不如闭环控制数控系统，但其调试方便，可以获得比较稳定的控制特性，因此在实际应用中，这种方式被广泛采用。

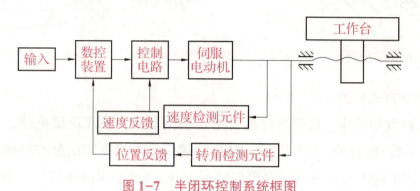

图 1-7　半闭环控制系统框图

二、数控车床组成

1. 数控车床的结构组成

数控车床主要由车床主体、数控系统、伺服系统、检测装置和辅助装置等组成。图 1-8 为数控车床的组成框图，其结构如图 1-9 所示。

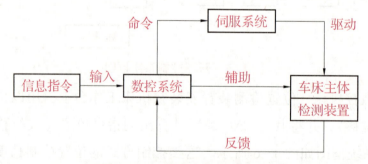

图 1-8　数控车床的组成框图

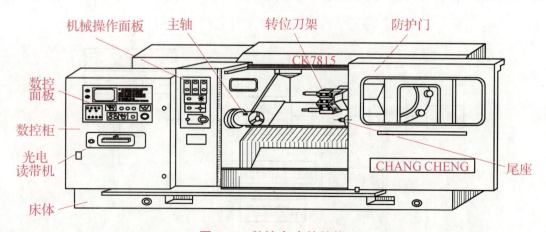

图 1-9　数控车床的结构

（1）车床主体：数控机床的机械部件，主要包括主传动系统、进给传动系统等。与普通车床相比，数控车床的主体结构具有刚度好、精度高、可靠性好、热变形小等特点。

（2）数控系统：数控车床的控制核心，现代数控系统通常是带有专门软件的专用计算机，在数控车床中起指挥作用。数控装置接收加工程序等送来的各种信息，经处理和调配后，向驱动机构发出各种指令信息。在执行过程中，其驱动、检测等机构同时将有关信息反馈给数控系统，以便经处理后发出新的执行命令。

（3）伺服系统：数控车床的执行机构，由驱动和执行两大部分组成。它接受数控系统发出的脉冲指令信息，并按脉冲指令信息的要求控制执行部件的进给速度、方向和位移等，每一脉冲使机床移动部件产生的位移叫脉冲当量。

（4）检测装置：通过位置传感器将伺服电动机的角位移或数控车床执行机构的直线位移转换成电信号，输送给数控系统，使之与指令信号进行比较，并由数控系统发出指令，纠正所产生的误差，从而使数控车床按加工程序要求的进给位置和速度完成加工。

（5）辅助装置：数控车床中一些为加工服务的配套部分，如液压、气动装置，冷却、照明、润滑、防护和排屑装置等。

2. 数控车床的类型

（1）卧式数控车床（水平床身），如图1-10所示。有单轴卧式和双轴卧式之分。

（2）立式数控车床，如图1-11所示。有单柱立式和双柱立式之分。

图1-10 卧式数控车床（水平床身）

图1-11 立式数控车床

（3）卧式数控车床（倾斜床身），如图1-12所示。主机床身采用整体斜床身结构（床身底座一体化结构），其导轨向后倾斜45°，造型美观大方，便于排屑。

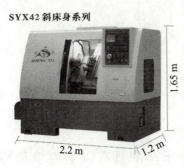

图1-12 卧式数控车床（倾斜床身）

（4）高精度数控车床。

（5）四轴联动数控车床，如图1-13所示。

图1-13 四轴联动数控车床

（6）车削加工中心，图1-14为沈阳一机CH6145A车削中心的结构图，车削中心是一种以车削加工模式为主，添加铣削动力刀头后又可进行铣削加工模式的车、铣合一的机床类型。

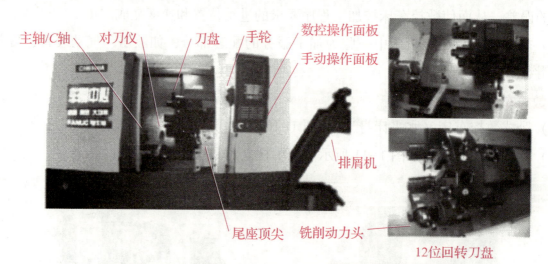

图1-14 沈阳一机CH6145A车削中心的结构图

（7）专用数控车床，如图1-15所示的轮胎模专用数控车床。还包括数控卡盘车床、数控管子车床等类别。

图1-15 轮胎模专用数控车床

3. 数控车床的加工对象

结合数控车削的特点，与普通车床相比，数控车床适合于车削具有以下要求和特点的回转体零件。

(1) 轮廓形状特别复杂或难于控制尺寸的回转体零件。

数控车床具有直线插补和圆弧插补功能，部分数控车床甚至还具有某些非圆曲线插补功能，故数控车床能车削由任意平面曲线轮廓所组成的回转体类的零件，包括不能用数学方程描述的列表曲线类的零件。有些内型、内腔零件，用普通车床难以控制尺寸，而用数控车床加工很容易就能实现。如图1–16所示的特形内表面零件。

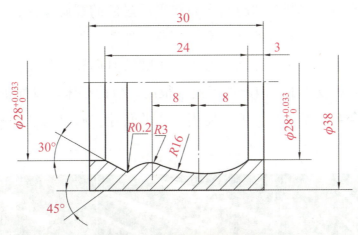

图 1–16　特形内表面零件

(2) 精度要求高的回转体零件。

图1–17（a）为高精度机床主轴，图1–17（b）为高速电动机主轴。

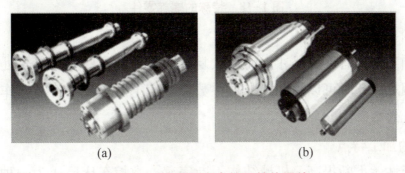

图 1–17　精度要求高的回转体零件

(a) 高精度机床主轴；(b) 高速电动机主轴

零件的精度要求主要指尺寸、形状、位置和表面等精度要求，其中的表面精度主要指表面粗糙度。数控车床适合于加工精度要求高的回转体零件，例如，尺寸精度高（达0.001 mm或更小）的回转体零件；圆柱度要求高的圆柱体零件；素线直线度、圆度和倾斜度均要求高的圆锥体零件；线轮廓度要求高的零件（其轮廓形状精度可超过用数控线切割机床加工的样板精度）。在特种精密数控车床上，还可加工出几何轮廓精度极高（达0.000 1 mm）、表面粗糙度数值极小（Ra达0.02 μm）的超精零件（如复印机中的回转鼓及激光打印机上的多面反射体等），以及通过恒线速度切削功能，加工表面精度要求高的各种变径表面类零件等。

数控车床刚性好，制造和对刀精度高，能方便和精确地进行人工补偿和自动补偿，所以能加工尺寸精度要求较高的零件，甚至在有些场合可以以车代磨。此外，数控车削的刀具运动是通过高精度插补运算和伺服驱动来实现的,所以它能加工对母线直线度、圆度、圆柱度等形状精度要求高的零件。对于圆弧以及其他曲线轮廓,其加工出的形状与图纸上所要求的几何形状的接近程度比用仿形车床要高得多。

(3) 特殊的螺旋零件。

特殊的螺旋零件如图 1-18 所示,这些螺旋零件是指特大螺距(或导程)、变(增/减)螺距、等螺距与变螺距或圆柱与圆锥螺旋面之间作平滑过渡的螺旋零件,以及高精度的模数螺旋零件(如圆柱、圆弧蜗杆)和端面(盘形)螺旋零件等。

数控车床车螺纹时主轴转向不必像普通车床车螺纹时那样交替变换,它可以一刀接一刀不停地循环,直到完成螺纹加工,因此加工效率很高。数控车床可以配备精密螺纹切削功能,再加上一般采用硬质合金成型刀片,可以使用较高的转速,所以车削出来的螺纹精度高、表面粗糙度小。

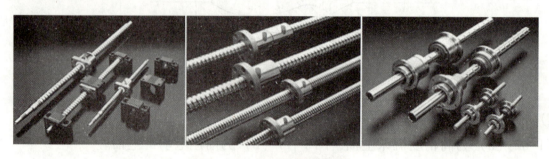

图 1-18 特殊的螺旋零件

(4) 淬硬工件的加工。

在大型模具加工中,有不少尺寸大而形状复杂的零件,这些零件经热处理后的变形量较大,磨削加工有困难,此时可以用陶瓷车刀在数控车床上对淬硬工件进行车削加工,以车代磨,从而提高加工效率。

4. 数控车床的加工特点

随着控制系统性能不断提高,机械结构不断完善,数控车床已成为一种高自动化、高柔性的加工设备,主要特点如下。

(1) 加工精度高、质量稳定。数控车床的机械传动系统和结构都具有较高的精度、刚度和热稳定性。其加工精度基本不受零件复杂程度的影响,而是由机床保证,消除了操作者的人为误差。所以数控车床加工精度高,而且同一批零件的加工尺寸一致性好,加工质量稳定。

(2) 加工效率高。数控车床结构刚性好,功率大,能自动进行切削加工,所以能采用较大的、合理的切削用量,可以在一次装夹中完成全部或大部分工序。随着新刀具材料的应用和机床机构的不断完善,其加工效率也不断提高,是普通车床的 2~5 倍,且加工零件形状越复杂,越能体现数控车床高效率的特点。

(3) 适应范围广,灵活性好。数控车床能自动完成轴类及盘类零件内外圆柱面、圆锥面、圆弧面、螺纹以及各种回转曲面的切削加工,并能进行切槽、钻孔、扩孔和铰孔等工作。

如对由非圆曲线或列表曲线(如流线形曲线)构成其旋转面的零件,各种非标螺距的螺纹或变螺距螺纹等多种特殊旋转类零件，以及表面粗糙度要求非常均匀、Ra 又很小的变径表面类零件，都可以通过数控系统所具有的同步运行和恒线速度等功能保证其精度要求。加工程序可以根据加工零件的要求而变化，所以它的适应性和灵活性强，可以加工普通车床无法加工的形状复杂的零件，如图 1-19 所示。

图 1-19　数控车床加工的零件

三、确定数控车床坐标系

为了确定工件在数控机床中的位置，准确描述机床运动部件在某一时刻所在的位置以及运动的范围，就必须要给数控机床建立一个几何坐标系。数控机床坐标轴的指定方法已标准化，我国执行的数控标准 GB/T 19660—2005《工业自动化系统与集成机床数值控制 坐标系和运动命名》与国际标准化组织（ISO）和美国电子工业协会（EIA）等效，即数控机床的坐标系采用右手笛卡尔直角坐标系。它规定直角坐标系中 X、Y、Z 三个直线坐标轴，围绕 X、Y、Z 各轴的旋转运动轴为 A、B、C 轴，用右手螺旋法则判定 X、Y、Z 三个直线坐标轴与 A、B、C 轴的关系及其正方向。

1. 数控机床坐标系

（1）坐标轴和运动方向的命名原则。

①永远假定刀具相对于静止的工件坐标而运动。

②数控机床的坐标系按 ISO 规定为右手直角笛卡尔坐标系。

③增大刀具与工件距离的方向即为各坐标轴的正方向。

数控车床坐标轴方向确定

（2）右手笛卡尔直角坐标系。

标准机床坐标系中 X、Y、Z 坐标轴的相互关系用右手笛卡尔直角坐标系决定，如图 1-20 所示。

①伸出右手的大拇指、食指和中指，并互为 90°，则大拇指代表 X 轴，食指代表 Y 轴，中指代表 Z 轴。

②大拇指的指向为 X 轴的正方向，食指的指向为 Y 轴的正方向，中指的指向为 Z 轴的正

方向。

③围绕 X、Y、Z 轴旋转的旋转运动轴分别用 A、B、C 表示。根据右手螺旋定则，大拇指的指向为 X、Y、Z 轴中任意轴的正向，则其余四指的旋转方向即为旋转轴 A、B、C 的正向。

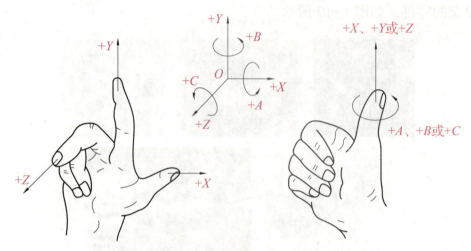

图 1-20　右手笛卡尔直角坐标系

（3）坐标轴方向的确定。

判断顺序为：Z 轴→X 轴→Y 轴。

①Z 轴。Z 轴的方向是由传递切削动力的主轴所决定的，即平行于主轴轴线的坐标轴即为 Z 轴，Z 轴的正向为刀具离开工件的方向。如果机床上有几个主轴，则选一个垂直于工件装夹平面的主轴方向为 Z 轴方向；如果主轴能够摆动，则选垂直于工件装夹平面的方向为 Z 轴方向；如果机床无主轴，则选垂直于工件装夹平面的方向为 Z 轴方向。

②X 轴。X 轴平行于工件的装夹平面，一般在水平面内。在确定 X 轴的方向时，要考虑以下两种情况。

a. 如果工件做旋转运动，则刀具离开工件的方向为 X 轴的正方向。

b. 如果刀具做旋转运动，则分为两种情况：如果 Z 轴水平，观察者沿刀具主轴向工件看时，+X 运动方向指向右方；如果 Z 轴垂直，观察者面对刀具主轴向立柱看时，+X 运动方向指向右方。

③Y 轴。在确定 X、Z 轴的正方向后，可以用根据 X 和 Z 轴的方向，并按照右手笛卡尔直角坐标系来确定 Y 轴的方向。

数控机床坐标轴的方向取决于机床的类型和各组成部分的布局，数控车床坐标系如图 1-21 所示，其中 Z 轴平行于主轴轴心线，以刀架沿着离开工件的方向为 Z 轴正方向；X 轴垂直于主轴轴心线，以刀架沿着离开工件的方向为 X 轴正方向。

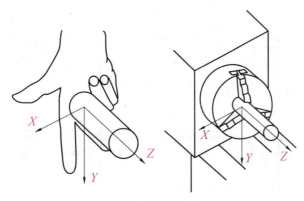

图 1-21 数控车床坐标系

2. 数控机床坐标系与工件坐标系

（1）机床坐标系与机床原点。

机床坐标系是机床上固有的坐标系，并设有固定的坐标原点，就是机床原点，又称机械原点，即 $X=0$、$Y=0$、$Z=0$ 的点。从机床设计的角度来看，该点位置可任选，但从使用某一具体机床来说，这点是机床固定的点。与机床原点不同但又很容易混淆的另一概念是机床参考点（零点），它是机床坐标系中一个固定不变的极限点。机床原点和机床参考点如图 1-22 所示。在加工前及加工结束后，可用控制面板上的"回零"按钮使部件（如刀具）退离到该点。对车床而言，机床零点是指车刀退离主轴端面和中心线最远而且是某一固定的点。该点在机床出厂时，就已经调好并记录在机床使用说明书中供用户编程时使用，一般情况下，不允许随意变动。

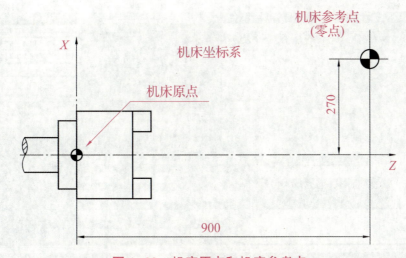

图 1-22 机床原点和机床参考点

（2）工件坐标系和工件原点。

编程时，为了编程方便，需要在零件图纸上适当选定一个编程原点，即程序原点（或称程序零点）。以这个原点作为坐标系的原点，再建立一个新的坐标系，称编程坐标系或工件坐标系，故此原点又称为工件原点（工件零点）。与机床坐标系不同，工件坐标系是人为设定的。图 1-23 为数控车床工件坐标系的设定，一般设在工件的左或右端面中心。

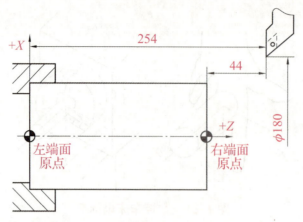

图 1-23 数控车床工件坐标系的设定

为了建立机床坐标系和工件坐标系的关系，需要设立对刀点。对刀点就是在用刀具加工零件时，刀具相对于工件运动的起点。

对刀点，一般来说就是编程起点，它既可选在工件上，也可选在工件外面。例如，可选在夹具上或机床上，但最基本的一条是它必须与零件的定位基准有一定的尺寸关系，这样才能确定机床坐标系与工件坐标系的关系。

四、数控车床仿真软件操作

图 1-24 为 FANUC Oi 车床仿真软件界面。

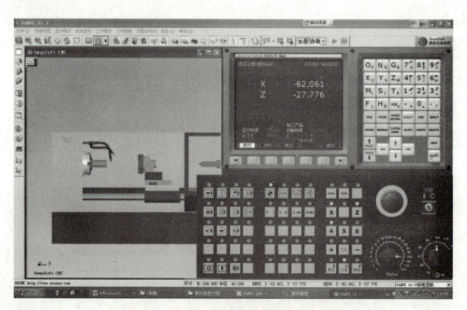

图 1-24 FANUC Oi 车床仿真软件界面

数控车床仿真软件操作过程如下：

（1）进入数控加工仿真系统；

（2）选择机床类型；

（3）开启机床；

（4）毛坯的设定；

(5) 数控车床刀具的选择；

(6) 介绍数控加工仿真系统的面板；

(7) 机床对刀操作；

(8) 数控加工程序的传输；

(9) 自动加工。

1. 机床操作面板

机床操作面板位于窗口的右下侧，FANUC Oi 车床操作面板如图 1-25 所示。其主要用于控制机床运行状态，由模式选择按钮、运行控制开关等多个部分组成，详细说明如下。

图 1-25　FANUC Oi 车床操作面板

（1）基本按钮。

　AUTO：自动加工模式。

　EDIT：编辑模式。

　MDI：手动数据输入。

　INC：增量进给。

　HND：手轮模式移动机床。

　JOG：手动模式，手动连续移动机床。

　DNC：用 232 电缆线连接 PC 机和数控机床，选择程序传输加工。

　REF：回参考点。

（2）程序运行控制开关。

　程序运行开始。模式选择旋转在 AUTO 和 MDI 位置时按下有效，其余时间按下无效。

　程序运行停止。在程序运行中，按下此按钮停止程序运行。

（3）机床主轴手动控制开关。

　手动主轴正转。

⬚ 手动主轴反转。

⬚ 手动停止主轴。

（4）手动移动车床各轴按钮。

在 JOG 手动模式下，可以进行手工操作数控车床走刀。若选择 ⬚X 按钮，单击 ⬚+，则数控车床的车刀朝着+X轴方向走刀，单击 ⬚−，则数控车床的车刀朝着−X轴方向走刀；若选择 ⬚Z 按钮，单击 ⬚+，则数控车床的车刀朝着+Z轴方向走刀，单击 ⬚−，则数控车床的车刀朝着−Z轴方向走刀。在走刀之前，如果选择 ⬚ 按钮，则走刀会快进。

（5）增量进给倍率选择按钮。

在选择移动机床轴时，每一步的距离：X1 为 0.001 mm，X10 为 0.01 mm，X100 为 0.1 mm，X1000 为 1 mm。置光标于按钮上，单击选择。

（6）⬚ 进给率（F）调节旋钮。调节程序运行中的进给速度，速度调节范围为 0～120%。置光标于旋钮上，按住鼠标左键转动。

（7）⬚ 主轴转速倍率调节旋钮。调节主轴转速，速度调节范围为 0～120%。

（8）⬚ 手轮。置光标于手轮上，选择轴向，按住鼠标左键，移动鼠标。手轮顺时针转动，相应轴往正方向移动；手轮逆时针转动，相应轴往负方向移动。

（9）⬚ 单步执行开关。每按一次，程序启动执行一条程序指令。

（10）⬚ 程序段跳读。自动方式按下此按钮，跳过程序段开头带有 "/" 符号的程序。

（11）⬚ 程序选择性停止。确定执行至 M01 时是否暂停。

（12）⬚ 机床空运行。按下此按钮，各轴以固定的速度运动。

（13）⬚ 手动示教。按下此按钮，以手动方式移动机床刀具或工作台产生加工程序，在程序界面，可输入程序，也就是在手动加工的同时，根据要求加入适当指令，编制出加工程序。

（14）⬚ 冷却液开关。按下此按钮，冷却液开；再按一下，冷却液关。

（15）⬚ 在刀库中选刀。按下此按钮，刀库中选刀。

（16）⬚ 程序编辑锁定开关。置于⬚位置，可编辑或修改程序。

（17）⬚ 程序重启动。由于刀具破损等原因自动停止后，程序可以从指定的程序段重新启动。

（18）🡒 机床锁定开关。按下此按钮，机床各轴被锁住，只能程序运行。

（19）⊙ M00 程序停止。按下此按钮，程序运行中，遇到 M00 则停止运行。

（20）🔴 紧急停止旋钮。机床运行中出现危险或紧急情况下，按下急停按钮，机床移动立即停止，所有输出（主轴旋转、冷却液等）全部关闭。松开急停按钮，解除急停报警，CNC 装置进入复位状态。

2. FANUC Oi 数控系统 MDI 操作面板

图 1-26 为 FANUC Oi 数控系统 MDI 操作面板，系统操作键盘在视窗的右上角，其左侧为显示屏，右侧是编程面板。

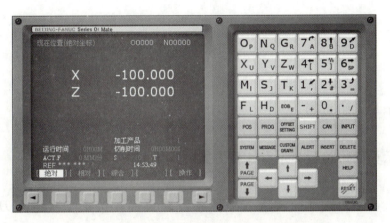

图 1-26　FANUC Oi 数控系统 MDI 操作面板

（1）按键介绍。

①数字/字母键。

数字/字母键为第一排至第四排按键，用于输入数据到输入区域，FANUC Oi-T 车床数字及符号输入如图 1-27 所示。系统自动判别取字母还是取数字。字母和数字键通过 SHIFT 换挡键切换输入，如：O—P，7—A。

图 1-27　FANUC Oi-T 车床数字及符号输入

② 编辑键。

ALERT 替换键：用输入的数据替换光标所在的数据。

DELETE 删除键：删除光标所在的数据；删除一个程序或者删除全部程序。

INSERT 插入键：把输入区之中的数据插入到当前光标之后的位置。

CAN 取消键：消除输入区内的数据。

EOB/E 回车换行键：结束一行程序的输入并且换行。

SHIFT 上挡键。

③ 页面切换键。

PROG 程序显示与编辑页面。

POS 位置显示页面。位置显示有 3 种方式，用 PAGE 键选择。

OFFSET SETTING 参数输入页面。按第一次进入坐标系设置页面，按第二次进入刀具补偿参数页面。

进入不同的页面以后，用 PAGE 键切换。

SYSTEM 系统参数页面。

MESSAGE 信息页面，如"报警"。

CUSTOM GRAPH 图形参数设置页面。

HELP 系统帮助页面。

RESET 复位键。

④ 翻页键（PAGE）。

↑PAGE 向上翻页。

PAGE↓ 向下翻页。

光标移动（CURSOR）。

↑ 向上移动光标。

← 向左移动光标。

↓ 向下移动光标。

→ 向右移动光标。

⑤输入键。

[INPUT] 输入键：把输入区内的数据输入参数页面。

(2) 手动操作机床。

①回参考点。

a. 置模式旋钮于 [⊕] 位置。

b. 选择各轴 [X]、[Y]、[Z] 按钮，按住按钮，即回参考点。

②移动。

手动移动机床轴的方法有3种。

方法1：快速移动 [∿]，这种方法用于较长距离的工作台移动。

a. 选择 JOG 模式 [⋙]。

b. 选择各轴，单击方向键 [+]、[−]，机床各轴移动，松开后停止移动。

c. 按下 [∿] 按钮，各轴快速移动。

方法2：增量移动 [⋙]，这种方法用于微量调整，如用在对基准操作中。

a. 选择 INC 模式 [⋙]：选择 [X 1] [X 10] [X 100] [X1000] 步进量。

b. 选择各轴，每按一次，机床各轴移动一步。

方法3：操纵"手脉" [◉]，这种方法用于微量调整。在实际生产中，使用"手脉"可以让操作者容易控制和观察机床移动。"手脉"在软件界面右上角 [≪]，单击即可出现。

③开、关主轴。

a. 选择 JOG 模式 [⋙]。

b. 按 [↻]、[↺] 机床主轴正、反转，按 [○] 主轴停转。

④启动程序加工零件。

a. 选择 AUTO 模式 [▷]。

b. 选择一个程序（参照下面介绍选择程序方法）。

c. 按程序启动按钮 ▯。

⑤试运行程序。

试运行程序时，机床和刀具不切削零件，仅运行程序。

a. 选择自动加工模式。

b. 选择一个程序如 O0001 后，按 ▯ 调出程序。

c. 按程序启动按钮 ▯。

⑥单步运行。

a. 选择单步执行开关 ▯。

b. 程序运行过程中，每按一次 ▯ 执行一条指令。

⑦选择一个程序。

选择一个程序的方法有两种。

方法1：按程序号搜索。

a. 选择 EDIT 模式。

b. 按 PROG 键输入字母"O"。

c. 按 7 键输入数字"7"，输入搜索的号码"O7"。

d. 按 ▯ 键开始搜索。找到后，"O7"显示在屏幕右上角程序号位置，"O7"NC 程序显示在屏幕上。

方法2：AUTO 模式下搜索。

a. 选择 AUTO 模式 ▯。

b. 按 PROG 键输入字母"O"。

c. 按 7 键输入数字"7"，输入搜索的号码"O7"。

d. 按 操作 → 中的 O检索 ，"O7"显示在屏幕上。

e. 可输入程序段号"N30"，按 N检索 搜索程序段。

⑧删除一个程序。

a. 选择 EDIT 模式。

b. 按 PROG 键输入字母"O"。

c. 按 7 键输入数字"7",输入要删除的程序号码"O7"。

d. 按 DELETE 键,"O7"NC 程序被删除。

⑨删除全部程序。

a. 选择 EDIT 模式。

b. 按 PROG 键输入字母"O"。

c. 输入"-9999"。

d. 按 DELETE 键,全部程序被删除。

⑩搜索一个指定的代码。

一个指定的代码可以是一个字母或一个完整的代码。例如,"N0010""M""F""G03"等。搜索应在当前程序内进行。操作步骤如下。

a. 选择 AUTO 模式 或 EDIT 模式 。

b. 按 PROG 键。

c. 选择一个 NC 程序。

d. 输入需要搜索的字母或代码,例如,"M""F""G03"。

e. 按 [BG-EDT] [O检索] [检索↓] [检索↑] [REWIND] 中的 [检索↓],开始在当前程序中搜索。

⑪编辑 NC 程序(删除、插入、替换操作)。

a. 选择 EDIT 模式 。

b. 按 PROG 键。

c. 输入被编辑的 NC 程序名如"O7",按 INSERT 键即可编辑。

d. 移动光标。移动光标的方法有两种。

方法一:按 PAGE↑ 或 PAGE↓ 翻页;按 ↓ 或 ↑ 移动光标。

方法二:用搜索一个指定代码的方法移动光标。

e. 输入数据:用鼠标单击数字/字母键,数据被输入到输入域。 CAN 键用于删除输入域内的数据。

f. 自动生成程序段号输入:按 OFFSET SETTING → [SETING],程序段号自动生成如图 1-28 所示。在参数页面顺序号中输入"1",所编程序自动生成程序段号(如:N10…N20…)。

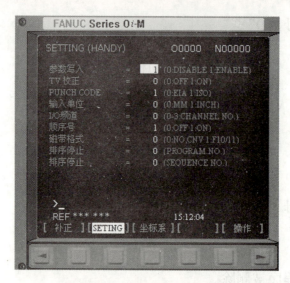

图 1-28　程序段号自动生成

g. 删除、插入、替代。

按 DELETE 键，删除光标所在的代码。

按 INSERT 键，把输入区的内容插入到光标所在代码后面。

按 ALERT 键，把输入区的内容替代光标所在的代码。

⑫通过操作面板手工输入 NC 程序。

a. 选择 EDIT 模式。

b. 按 PROG 键，再按 DIR 进入程序页面。

c. 按 7 键输入"O7"程序名（输入的程序名不能与已有的程序名重复）。

d. 按 EOB → INSERT 键，开始程序输入。

e. 按 EOB → INSERT 键，换行后再继续输入。

⑬从计算机输入一个程序。

NC 程序可在计算机上建文本文件编写，文本文件（*.txt）后缀名必须改为 *.nc 或 *.cnc。

a. 选择 EDIT 模式，按 PROG 键切换到程序页面。

b. 新建程序名"Oxxxx"，按 INSERT 键进入编程页面。

c. 按 键打开计算机目录下的文本文件，程序显示在当前屏幕上。

⑭输入零件原点参数。

a. 按 [OFFSET SETTING] 键进入参数设定页面，按 [坐标系]，图 1-29 为 FANUC Oi-T 车床工件坐标系页面。

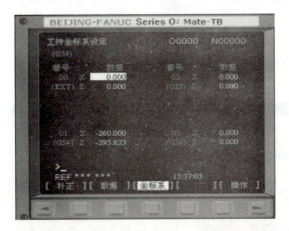

图 1-29　FANUC Oi-T 车床工件坐标系页面

b. 用 [PAGE↑]、[PAGE↓] 键或 [↓]、[↑] 键选择坐标系。

输入地址字（X/Y/Z）和数值到输入域。方法参考"输入数据"操作。

c. 按 [INPUT] 键，把输入域中间的内容输入所指定的位置。

⑮输入刀具补偿参数。

a. 按 [OFFSET SETTING] 键进入参数设定页面，按 [补正]，图 1-30 为 FANUC Oi-T 车床刀具补正页面。

b. 用 [PAGE↑] 和 [PAGE↓] 键选择长度补偿、半径补偿。

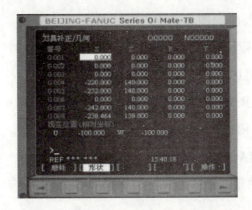

图 1-30　FANUC Oi-T 车床刀具补正页面

c. 用 [PAGE↓] 和 [↑] 键选择补偿参数编号。

d. 输入补偿值到长度补偿 H 或半径补偿 D。

e. 按 INPUT 键，把输入的补偿值输入到指定的位置。

⑯位置显示。

按 POS 键切换到位置显示页面。用 PAGE↑ 和 PAGE↓ 键或者软键切换。

⑰MDI 手动数据输入。

a. 按 键，切换到 MDI 模式。

b. 按 PROG 键，再按 MDI → EOB E，分程序段号"N10"，输入程序如：G0X50。

c. 按 INSERT 键，"N10G0X50"程序被输入。

d. 按 键，程序运行开始。

⑱零件坐标系（绝对坐标系）位置。

图 1-31 为 FANUC Oi-T 车床零件坐标系位置。

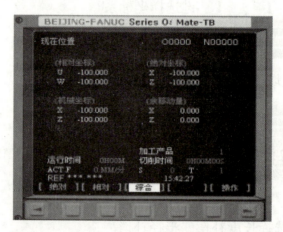

图 1-31　FANUC Oi-T 车床零件坐标系位置

a. 绝对坐标系：显示机床在当前坐标系中的位置。

b. 相对坐标系：显示机床坐标相对于前一位置的坐标。

c. 综合显示：同时显示机床在以下坐标系中的位置。

绝对坐标系中的位置（ABSOLUTE）。

相对坐标系中的位置（RELATIVE）。

机床坐标系中的位置（MACHINE）。

当前运动指令的剩余移动量（DISTANCE TO GO）。

3. 车床对刀

（1）FANUC Oi-T 系统数控车床设置工件零点（对刀）的方法。

①直接用刀具试切对刀。

a. 用外圆车刀先试切一外圆，测量外圆直径后，按 OFFSET SETTING → 补正 → 形状，输入"外圆直径值"，按 测量 键，刀具"X"补偿值即自动输入到几何形状里。

b. 用外圆车刀再试切外圆端面，按 OFFSET SETTING → 补正 → 形状，输入"Z0"，按 测量 键，刀具"Z"补偿值即自动输入到几何形状里。

②用 G50 设置工件零点。

a. 用外圆车刀先试切一段外圆，按 相对 键，再按 SHIFT → Xᵤ，这时"U"坐标在闪烁。按 ORIGIN 键置"零"，测量工件外圆后，选择 MDI 模式，输入"G01 U-××（××为测量直径）F0.3"，切端面到中心。

b. 选择 MDI 模式，输入"G50 X0 Z0"，按 键，把当前点设为零点。

c. 选择 MDI 模式，输入"G0 X150 Z150"，使刀具离开工件。这时程序开头：G50 X150 Z150 ……。

注意：在用"G50 X150 Z150"时，程序起点和终点必须一致，即 X150 Z150，这样才能保证重复加工不乱刀。

如用第二参考点 G30，即能保证重复加工不乱刀，这时程序开头为：

G30 U0 W0

G50 X150 Z150

在 FANUC Oi 数控车床系统里，第二参考点的位置在参数里设置。在 Yhcnc 软件里，机床对完刀后（X150 Z150），右击出现对话框 X:-160.000 Z:-395.833 ▶ 存入第二参考点，然后单击确认即可。

③工件移设置工件零点。

a. 在 FANUC Oi 车床系统的 OFFSET SETTING 里，有一工件零点设置界面，可输入零点偏移值。

注意：这个零点一直保持，只有重新设置偏移值 Z0，才可清除。

b. 用外圆车刀先试切工件端面，这时 X、Z 坐标（如：X-260 Z-395）直接输入到偏移值里。

c. 选择回参考点模式，按 X、Z 轴按钮回参考点，这时工件零点坐标系即建立。

④用 G54~G59 设置工件零点。用外圆车刀先试切一外圆，按 OFFSET SETTING → ◀ → 坐标系，如选择 G55，输入"X0""Z0"，按 测量 工件零点坐标即存入 G55 里，程序直接调用。例如，G55 X60 Z50……。

特别提示

可用 G53 指令清除 G54~G59 工件坐标系。

【实例1-1】 FANUC Oi车床系统数控车床仿真操作

1. 实例描述

加工图1-32所示零件。T1：外圆车刀；T2：割刀；T3：螺纹刀。毛坯尺寸为φ42 mm× 150 mm。

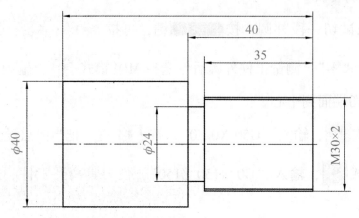

图1-32 数控车床仿真加工案例

2. 使用FANUC Oi车床系统编写加工程序

```
O0001;
N010 M3S1200;                    启动主轴正转,转速1 200 r/min
N020 T0101 M08;                  选择1号刀及刀补,打开切削液
N030 G0X45;
N040 Z0;
N050 G1X-1F100;
N060 X40Z0;
N070 G71U1R2;                    粗切循环
N080 G71P90Q130U0.1W0;
N090 X30;
N100 Z-40;
N110 X40;
N120 Z-90;
N130 X45;
N140 G0X100Z50;
N150 S1500;
N160 X40Z0;
N170 G70P90Q130;                 精切循环
N180 G0X50Z100;
N190 T0202S800;                  选择2号刀及刀补,转速800 r/min
```

N200 G0X45;

N210 Z-35;

N220 G1X24F0.2;

N230 X45;

N240 G0X50Z100;

N250 T0303;   选择3号刀及刀补

N260 G0X30;

N270 Z2;

N280 G76P030060Q100R0.1;   螺纹切削循环

N290 G76X30Z-36P1200Q400F2;

N300 G0X50Z100;

N310 T0300;   取消3号刀补

N320 M05;   主轴停转

N330 M30;   程序结束返回

3. 操作步骤

第1步：分析工件，编制工艺，并选择刀具，在草稿上编辑好程序。

第2步：打开仿真软件中的FANUC Oi-T车床系统。

(1) 回零（回参考点）。

选择回参考点模式 ⊕ →按 X 按钮使X轴回零→按 Z 按钮使Z轴回零→回参考点完毕。

(2) 选择刀具。

选择刀具库管理（左侧工具条）按钮 ▤ ，出现如图1-33所示刀具库管理界面。

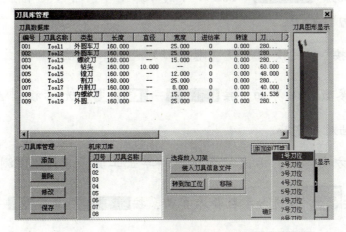

图1-33　刀具库管理

将需要的刀具（外圆刀、割刀、螺纹刀）添加到刀盘中；单击"确定"即完成选刀。

(3) 对刀。

①T01 刀（外圆刀）对刀。

a. 选择手动模式 [MW]→试切工件端面→Z 方向不动，沿 X 方向退出→按 [OFFSET SETTING] 键进入参数输入界面。

b. 按 [补正]→[形状]→输入"Z0"→[测量]→T01 刀 Z 轴对刀完毕，Z 轴对刀如图 1-34 所示。

c. 试切外圆→X 方向不动，沿 Z 方向退出→单击工具条中 [图标] 键测量直径（假设测量直径为 96.17 mm）→按 [OFFSET SETTING] 键进入参数输入界面，按 [补正]→[形状]→输入测量的直径 X96.17→[测量]→T01 刀（外圆刀）X 方向对刀完毕。

②T02 刀（割刀）对刀。

a. 在手动模式下按 [TOOL] 键换 T02 刀（割刀）→碰工件端面→Z 方向不动，沿 X 方向退出→按 [OFFSET SETTING] 键进入参数输入界面，按 [补正]→[形状]→光标移到 2 号刀补→输入 Z0→[测量]→T02 刀 Z 轴对刀完毕。

图 1-34 Z 轴对刀

b. 试切外圆→X 方向不动，沿 Z 方向退出→单击工具条中 [图标] 键测量直径（假设测量直径为 95.67 mm）→按 [OFFSET SETTING] 键进入参数输入界面，按 [补正]→[形状]→光标移到 2 号刀补→输入测量的直径 X95.67→[测量]→T02 刀（割刀）X 方向对刀完毕。

③T03 刀（螺纹刀）对刀。

a. 在手动模式下按 [TOOL] 键换 T03 刀（螺纹刀）→碰工件端面→Z 方向不动，沿 X 方向退出→按 [OFFSET SETTING] 键进入参数输入界面，按 [补正]→[形状]→光标移到 3 号刀补→输入 Z0→[测量]→T03 刀 Z 轴对刀完毕。

b. 试切外圆→X 方向不动，沿 Z 方向退出→单击工具条中 [图标] 键测量直径（假设测量直径为 94.67 mm）→按 [OFFSET SETTING] 键进入参数输入界面，按 [补正]→[形状]→光标移到 3 号刀补→输入测量的直径 X94.67→[测量]→T03 刀（螺纹刀）X 方向对刀完毕→对刀全部完成。

(4) 程序输入。

①选择程序编辑模式 [图标]→按 [PROG] 键；

②按 [DIR] →输入新建程序名"010"→按 键插入,创建新程序名,如图1-35所示。

③将草稿编好的程序输入→程序输入完成,如图1-36所示。

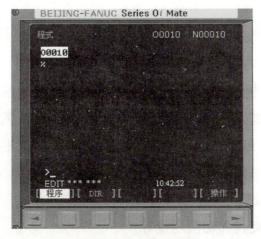

图1-35 创建新程序名

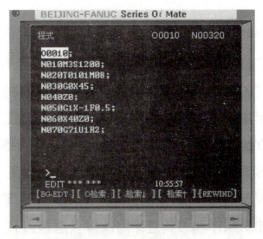

图1-36 程序输入

(5) 设置毛坯尺寸。

单击左侧工具条中工件大小设置按键 →设置毛坯尺寸,如图1-37所示。

图1-37 设置毛坯尺寸

(6) 加工零件。

选择自动加工模式 →按程序运行开始按钮 →程序将自动运行直至完毕。

(7) 测量工件。

单击工具条中 键测量→按 特征线键→完成测量。

(8) 工件模拟加工完成。

1.3 任务实施

一、分析数控车削加工工艺

工艺分析是数控车削加工的前期准备工作，在选定数控车床加工零件及其加工内容后，应对零件的加工工艺进行全面、仔细、认真的分析，为程序编制做好准备。数控车削加工与普通车床加工工艺基本相同，在设计数控加工工艺时，首先要遵循普通车床加工工艺的基本原则与方法，同时还需考虑数控加工本身的特点和零件编程的要求。数控车削加工工艺要求工艺内容具体明确、工艺设计准确严密、加工工序相对集中。

数控车削加工工艺的主要内容有：分析零件图，确定工件在车床上的装夹方式，确定各表面的加工顺序和刀具进给路线以及选择刀具、夹具和切削用量等。

1. 分析零件图

分析零件图是制订加工工艺的首要工作，直接影响零件加工程序的编制及加工结果，主要工作内容如下。

（1）分析零件图尺寸标注。最好以同一基准引注或直接给出坐标尺寸，既便于编程也便于尺寸间的相互协调及设计基准、工艺基准、测量基准与编程原点的统一。

（2）分析轮廓几何要素。在编制程序时，编程人员必须充分掌握构成零件轮廓的几何要素参数及各几何要素间的关系，以便在自动编程时对零件轮廓的所有几何要素进行定义。

手工编程时要计算所有基点和节点的坐标，自动编程时要对构成零件轮廓的几何元素进行定义。因此在分析零件图时，要分析各几何元素的给定条件是否充分。如图1-38所示的轮廓缺陷中，圆弧与斜线的关系要求相切，但经计算后却为相交。如图1-39所示的轮廓缺陷中，给出的各段长度之和不等于总长，各几何元素条件自相矛盾。

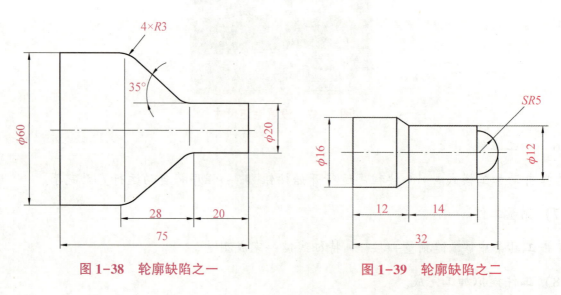

图1-38 轮廓缺陷之一　　　　　　图1-39 轮廓缺陷之二

(3) 分析尺寸公差和表面粗糙度。这是确定机床、刀具、切削用量以及确定零件尺寸精度的控制方法和加工工艺的重要依据。分析过程中同时还需进行一些编程尺寸的简单换算。数控车削加工中，常对零件要求的尺寸取其上极限和下极限的平均值作为编程的尺寸依据。对表面粗糙度要求较高的表面，应确定恒线速度切削。若某工序的数控车削加工精度达不到图样要求则需继续加工，还应给后道工序留有足够的加工余量。

(4) 分析形状和位置公差。零件图上给定的形状和位置公差是保证零件精度的重要条件。在工艺分析过程中，应按图样的形状和位置公差要求确定零件的定位基准、加工工艺，以满足公差要求。

数控车削加工零件的形状和位置误差主要受车床机械运动副精度和加工工艺的影响，车床机械运动副的误差不得大于图样规定的形位公差要求。在机床精度达不到要求时，需在工艺准备中考虑进行技术性处理的相关方案，以便能有效地控制其形状和位置误差。图样上有位置精度要求的表面，应尽量能一次装夹加工完毕。

2. 分析结构工艺性

零件的结构工艺性是指零件对加工方法的适应性，即在满足使用要求的前提下零件加工的可行性和经济性。在数控车床加工时，应根据数控车削的特点，认真分析零件结构的合理性。图1-40（a）所示的零件需要3把不同宽度的切槽刀切槽，如无特殊需要，显然是不合理的。若改成图1-40（b）所示的结构，则只需1把切槽刀，既减少了刀具数量，少占刀架位置，又节省了换刀时间。

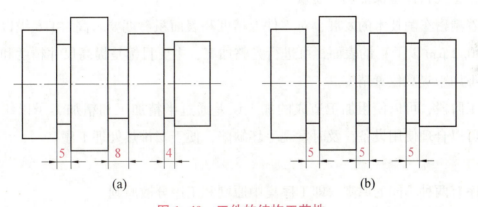

图1-40　工件的结构工艺性

(a) 3个不同宽度槽；(b) 3个相同宽度槽

二、制订数控车削加工工艺

制订加工工艺是加工程序编制工作中较为复杂又非常重要的环节，无论是手工编程还是自动编程，在编程前都要对零件进行工艺分析、拟定工艺路线、设计加工工序等工作。在制订加工工艺时应遵循一般的工艺原则，并结合数控车床的特点，详细制订零件的数控车削加工工艺。

1. 选择加工内容

数控车床有其优点，但价格较贵、消耗较大、维护费用较高，从而导致加工成本的增加。因此从技术和经济等角度出发，对于某个零件来说，并非全部的加工工艺过程都适合在数控车床上进行，往往只选择其中一部分内容进行数控加工。因此，在对零件图进行详细工艺分析的基础上，选择那些适合且需要进行数控加工的内容和工序进行数控加工，以充分发挥数控加工的优势。一般的顺序选择原则是：卧式车床无法加工的内容优先；卧式车床加工困难、质量难以保证的内容作为重点；卧式车床加工效率低、劳动强度大的内容作为平衡。

此外，在选择确定加工内容时，还要考虑生产批量、生产周期、工序间周转情况等。尽量做到合理，以充分发挥数控车床的优势，达到多、快、好、省的目的。

2. 划分加工阶段

为保证加工质量和合理地使用设备、人力，数控车削加工通常把零件的加工过程分为粗加工、半精加工、精加工 3 个阶段。

（1）粗加工阶段。粗加工阶段的主要任务是切除毛坯上大部分余量，使毛坯在形状和尺寸上接近零件成品，主要目标是提高生产率。

（2）半精加工阶段。半粗加工阶段的主要任务是完成次要表面的加工，使主要表面达到一定精度并留有一定精加工余量，为主要表面的精加工做好准备。

（3）精加工阶段。精加工阶段的主要任务是保证各主要表面达到规定的尺寸精度和表面粗糙度要求，主要目标是保证加工质量。

此外随着精密车削技术的发展，对零件上精度和表面粗糙度要求高（IT6 级以上，表面粗糙度值为 $Ra0.2\ \mu m$ 以下）的表面，可进行光整加工，主要目标是提高尺寸精度和减小表面粗糙度，一般不用来提高位置精度。

划分加工阶段，可以使粗加工造成的加工误差通过半精加工和精加工予以纠正，保证加工质量；还可以合理使用设备，及时发现毛坯缺陷，便于安排热处理工序。

3. 划分工序

划分工序有两种不同的原则，即工序集中原则和工序分散原则。

（1）工序集中原则。

工序集中原则是将工件的加工集中在少数几道工序内完成，有利于采用高效专用设备和数控机床提高生产率，从而减少机床数量、操作工人数和生产占地面积；缩短工序路线，简化生产计划和生产组织工作；减少工件的装夹次数，保证各加工表面间的相互位置精度，节省辅助时间。

但专用设备和工艺装备投资大，调整维修困难，生产准备周期长，不利于转产。

（2）工序分散原则。

工序分散原则是将工件的加工分散在较多的工序内进行，因而每道工序的加工内容很少。它使加工设备和工艺装备结构简单，调整和维修方便，操作简单，转产容易，有利于选择合理的切削用量，减少机动时间。但其工艺路线较长，所需设备和操作工人数较多，生产占地面积大。

（3）划分工序的方法。

数控车床加工一般按工序集中原则进行工序的划分，在一次装夹中尽可能完成大部分甚至全部表面的加工。在批量生产中，划分工序的方法有以下3种。

①按零件装夹定位方式划分工序。由于每个零件的结构形状不同，各表面的技术要求也有所不同，故加工时其定位方式各有差异。一般在加工外形时，以内形定位；在加工内形时又以外形定位。

②按粗、精加工划分工序。在根据零件的加工精度、刚度和变形等因素来划分工序时，可按粗、精加工分开的原则来划分工序，即先粗加工再精加工。此时可用不同的机床或不同的刀具进行加工。通常在一次装夹中，不允许将零件的某一部分表面加工完毕后再加工零件的其他表面。粗精分开车削如图1-41所示，先切除整个零件各加工面的大部分余量，再将其表面精加工一遍，以保证达到加工精度和表面粗糙度要求。

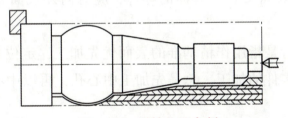

图1-41 粗精分开车削

③按所用刀具划分工序。为了减少换刀次数、压缩空行程时间、减少不必要的定位误差，可按刀具集中工序的方法加工零件。即在一次装夹中，尽可能用同一把刀具加工出可能加工的所有部位，然后再换另一把刀具加工其他部位。专用数控机床和加工中心常采用这种方法。

4. 安排加工顺序

（1）车削加工顺序的安排。

①上道工序的加工不能影响下道工序的定位与夹紧。

②先粗后精。在车削加工中，按照粗车→半精车→精车的顺序安排加工，逐步提高加工表面的精度和减小表面粗糙度，如图1-42所示。粗车在短时间内切除毛坯的大部分加工余量，以提高生产率，同时尽量满足精加工的余量均匀性要求，为精车作好准备。粗加工完毕后，再进行半精加工、精加工。

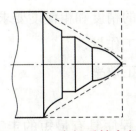

图1-42 先粗后精车削

③先近后远。离对刀点近的部位先加工,离对刀点远的部位后加工,这样可缩短刀具移动距离、减少空行程时间、提高生产效率。此外还有利于保证坯件或半成品的刚性,改善切削条件。当加工如图1-43所示零件时,由于余量较大,故在粗车时,可按先车端面,再按50 mm→45 mm→40 mm→35 mm的顺序加工;在精车时,如果按50 mm→45 mm→40 mm→35 mm的顺序安排车削,不仅会增加刀具返回换刀点所需的空行程时间,而且还可能使台阶的外直角处产生毛刺,故应该按35 mm→40 mm→45 mm→50 mm的顺序加工。如果余量不大,则可以直接按直径由小到大的顺序一次加工完成,这同样符合先近后远的原则。

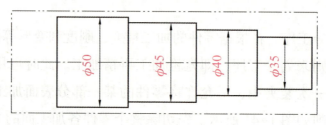

图1-43　先近后远车削

④内外交叉。既有内表面又有外表面的零件,应对内外表面先进行粗加工,再进行精加工。

⑤基面先行。基面先行是指用作精基准的表面优先加工,定位基准的表面越精确,装夹误差就越小。例如,轴类零件的加工,总是先加工中心孔,再以中心孔为精基准加工外圆表面和端面。

(2) 数控加工工序与普通工序的衔接。

数控加工的工艺路线设计通常仅是指几道数控加工工艺过程,而非指毛坯到成品的整个工艺过程,它常穿插于零件加工的整个工艺过程中。为使之与整个工艺过程协调,必须建立相互状态要求,如留多少加工余量、定位面与定位孔的精度要求及形位公差、对校形工序的技术要求、对毛坯热处理状态要求等。其目的是达到能相互满足加工需要。

5. 确定进给路线

进给路线也称走刀路线,指加工过程中刀具相对于被加工零件的运动轨迹,包括切削加工的路径及刀具的引入、返回等非切削空行程。它包括了工步的内容,也反映了工步顺序。确定进给路线的重点在于确定粗加工及空行程的路线,精加工切削过程的进给路线基本上都是沿零件轮廓顺序进行的。

(1) 确定进给路线的原则。

①应能保证工件轮廓表面加工后的精度和粗糙度要求。

②使数值计算容易,以减少编程工作量。

③应使走刀路线最短,以提高加工效率。

(2) 确定最短走刀路线。

在保证加工质量的前提下使加工程序具有最短的走刀路线,可节省整个加工过程的时间并减少一些不必要的刀具消耗及减少机床进给机构滑动部位的磨损量等。实现最短的走刀路线,除依据实践经验外,还应善于分析,必要时辅以一些简单计算。

① 最短空行程路线。

a. 巧用起刀点车削,如图1-44所示。

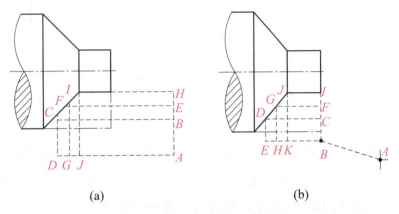

图1-44 巧用起刀点车削

(a) 起刀点与对刀点重合;(b) 起刀点与对刀点分离

图1-44(a)为采用矩形循环方式进行粗车的一般情况,其对刀点A的设定考虑到加工过程中能方便地换刀,故设置在离工件较远的位置,同时将起刀点与对刀点重合,按三刀粗车的进给路线安排。第一刀:$A \to B \to C \to D \to A$;第二刀:$A \to E \to F \to G \to A$;第三刀:$A \to H \to I \to J \to A$。

巧妙地将循环加工的起刀点与对刀点分离,并设于图1-44(b)中的B点位置,仍按相同的切削用量进行三刀粗车,其进给路线安排如下。

循环加工的起刀点与对刀点分离的空行程$A \to B$。第一刀:$B \to C \to D \to E \to B$;第二刀:$B \to F \to G \to H \to B$;第三刀:$B \to I \to J \to K \to B$。

很明显,采用上述第二种方法所走的路线短,同时该方法也可用在其他循环加工中。

b. 巧设换刀点。出于安全和方便的考虑,有时将换刀点设置在离工件较远的位置,如图1-44(a)中的A点。当换第二把刀后,进行精车时的空行程较长。如果第二把刀的换刀点设置在图1-44(b)中的B点位置上,因工件已切掉一定的余量,故可缩短空行程距离,但在换刀过程中一定不能发生碰撞。

c. 合理安排"回零"路线。在手工编制复杂轮廓的加工程序时,为简化计算过程、便于校核,将每把刀加工完成后的刀具终点通过执行"回零"操作指令,使其全部返回到对刀点位置,然后再执行后续程序。这样会增加进给路线的距离,降低生产效率。因此需要合理安排"回零"路线,使前一刀的终点与后一刀的起点间的距离尽量短或者为零,以满足进给路线最短的要求。另外在选择返回对刀点指令时,在不发生干涉的前提下,尽可能采用X、Z轴双向同时"回零"指令,该功能的"回零"路线最短。

② 最短切削进给路线。

如果切削进给路线最短,则可有效提高生产效率,降低刀具的损耗等。

在安排粗加工或半精加工的最短切削进给路线时,应同时兼顾被加工零件的刚性及加工的工艺性等要求。

图 1-45 为粗车 3 种进给路线示例。

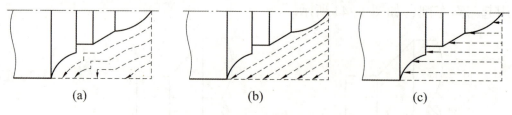

图 1-45 粗车 3 种进给路线示例

（a）等距离循环进给路线；（b）"三角形"进给路线；（c）"矩形"循环进给路线

图 1-45（a）为利用数控系统具有的封闭式复合循环功能，控制车刀沿工件轮廓等距线循环的进给路线。图 1-45（b）为利用数控系统具有的三角形循环功能而安排的"三角形"进给路线。图 1-45（c）为利用数控系统具有的矩形循环功能而安排的"矩形"循环进给路线。

3 种切削进给路线中，"矩形"循环进给路线的进给长度总和最短，因此在同等条件下，其切削所需时间（不含空行程）最短，刀具的损耗量最少。

③大余量毛坯的阶梯切削进给路线。

图 1-46 所示为大余量毛坯的阶梯车削路线。

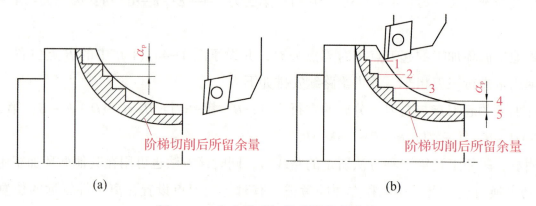

图 1-46 大余量毛坯的阶梯车削路线

（a）错误的阶梯切削路线；（b）正确的阶梯切削路线

图 1-46（a）为错误的阶梯切削路线。图 1-46（b）为正确的阶梯切削路线。按 1~5 的顺序切削，每次切削所留余量相等，因此在同等条件下，上述第一种方式加工所剩的余量过多。

④完工轮廓的进给路线。

在安排一刀或多刀进行的精加工进给路线时，其零件的完工轮廓由最后一刀连续加工而成，此时刀具的进、退刀位置要选择适当，尽量不要在连续轮廓中安排切入、切出或停顿，以免因切削力的突然变化而破坏工艺系统的平衡状态，致使零件轮廓上产生表面划痕、形状突变可滞留刀痕等缺陷。

⑤特殊的进给路线。

在数控车削加工中，一般情况下 Z 轴方向的进给运动都是沿着负方向进给的，但有时按这种方式安排的进给路线并不合理，甚至可能车坏工件。

采用尖形车刀加工大圆弧内表面时，两种不同的进给方法如图 1-47 所示。图 1-47（a）为刀具沿 $-Z$ 方向进给，此时切削力沿 X 方向的吃刀抗力 F_p 为 $+X$ 方向；刀尖运动到换象限处，即由 $-Z$、$-X$ 向 $-Z$、$+X$ 方向变换时，F_p 方向与丝杠传动横向拖板传动力方向一致，则会出现嵌刀现象，如图 1-48 所示。若丝杠螺母副有机械传动间隙，就可能使刀尖嵌入工件表面（即扎刀）。图 1-47（b）为刀具沿 $+Z$ 方向进给，当刀尖运动到换象限处，即由 $+Z$、$-X$ 向 $+Z$、$+X$ 方向变换时，吃刀抗力 F_p 与丝杠传动横向拖板传动力方向相反。合理的进给方案如图 1-49 所示，其不会受丝杠螺母副机械传动间隙的影响而产生扎刀，是比较合理的进给路线。

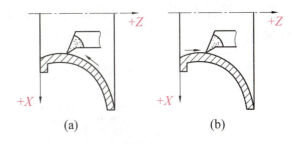

图 1-47 两种不同的进给方法

(a) 刀具沿 $-Z$ 方向进给；(b) 刀具沿 $+Z$ 方向进给

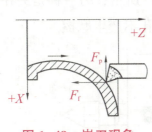

图 1-48 嵌刀现象

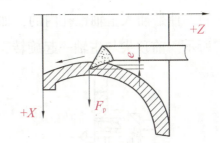

图 1-49 合理的进给方案

此外，在车削螺纹时有一些多次重复进给的动作，且每次进给的轨迹相差不大，这时进给路线的确定可采用系统固定的循环功能。

6. 安装零件

数控车床上零件的安装方法与卧式车床一样，要合理选择定位基准和夹紧方案。在选择数控车削加工定位方法时，对于轴类零件，通常以零件自身的外圆柱面作为径向定位基准来定位；对于套类零件，则以内孔作为径向定位基准，轴向定位则以轴肩或端面作为定位基准。数控车床常使用通用三爪自定心卡盘、四爪单动卡盘等夹具来安装工件。

（1）三爪自定心卡盘。

三爪自定心卡盘如图 1-50 所示，它是最常用的车床通用卡具，这种方法装夹工件方便、省时，自动定心好，但夹紧力较小，适用于装夹外形规则的中、小型工件。三爪自定心卡盘可安装成正爪或反爪两种形式，反爪用来装夹直径较大的工件。如果要大批量生产，则使用自动控制的液压、电动及气动夹具。除此之外，还有许多相应的实用夹具，它们主要有用于轴类工件的夹具和用于盘类工件的夹具两类。

（2）四爪单动卡盘。

当加工精度要求不高、偏心距小、零件长度较短的工件时，可采用四爪单动卡盘，如图1-51所示。

图 1-50　三爪自定心卡盘

图 1-51　四爪单动卡盘

（3）中心孔定位夹具。

①两顶尖拨盘。两顶尖定位的优点是定心正确可靠，安装方便。顶尖作用是定心、承受工件的重量和切削力。顶尖分前顶尖和后顶尖。

前顶尖中的一种是插入主轴锥孔内的，如图1-52（a）所示；另一种是夹在卡盘上的，如图1-52（b）所示。前顶尖与主轴一起旋转，与主轴中心孔不产生摩擦。

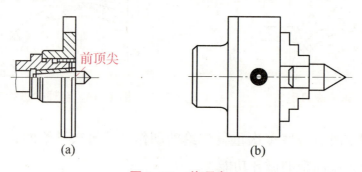

图 1-52　前顶尖

（a）插入主轴锥孔内；（b）夹在卡盘上

后顶尖插入尾座套筒。后顶尖中的一种是固定的，如图1-53（a）所示；另一种是回转的，如图1-53（b）所示，使用时还需根据具体情况来选择。

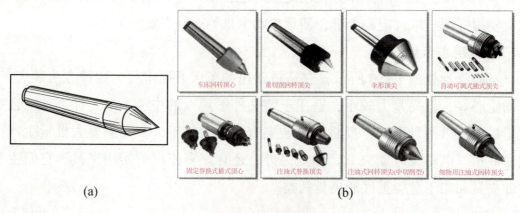

图 1-53　后顶尖

（a）固定；（b）回转

在工件安装时，可以采用一夹一顶的安装形式，如图 1-54 所示。还可以用两顶尖的装夹方式，如图 1-55 所示。对分夹头或鸡心夹头夹紧工件一端，拨杆伸向端面。两顶尖只对工件有定心和支撑作用，必须通过对分夹头或鸡心夹头的拨杆带动工件旋转。

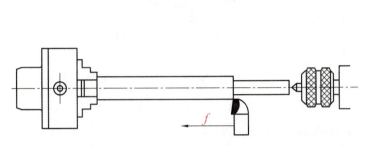

图 1-54　一夹一顶安装工件

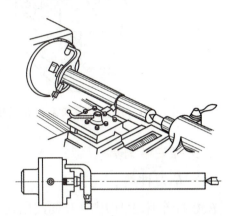

图 1-55　两顶尖装夹工件

利用两顶尖定位还可以加工偏心工件，两顶尖车偏心轴如图 1-56 所示。

② 拨动顶尖。常用拨动顶尖有内、外拨动顶尖和端面拨动顶尖两种。

a. 内、外拨动顶尖。内拨动顶尖如图 1-57 (a) 所示，这种顶尖的锥面带齿，能嵌入工件，拨动工件旋转。外拨动顶尖如图 1-57 (b) 所示。

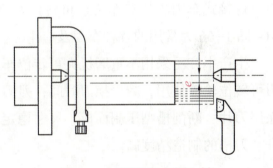

图 1-56　两顶尖车偏心轴

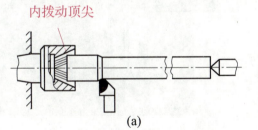

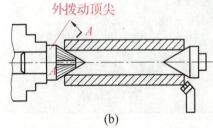

图 1-57　内、外拨动顶尖
(a) 内拨动顶尖；(b) 外拨动顶尖

b. 端面拨动顶尖。端面拨动顶尖如图 1-58 所示。这种顶尖利用端面拨爪带动工件旋转，适合装夹工件直径为 50~150 mm。

(4) 其他车削工装夹具。

数控车削加工中有时会遇到一些形状复杂和不规则的工件，不能用三爪自定心卡盘或四爪单动卡盘装夹，需要借助其他工装夹具，如花盘、角铁等。图 1-59 为用花盘装夹双孔连杆的方法。图 1-60 为角铁

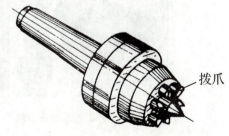

图 1-58　端面拨动顶尖

的安装方法。

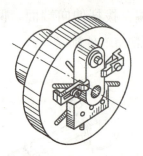

图1-59　用花盘装夹双孔连杆的方法

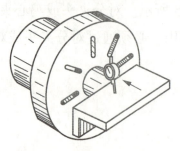

图1-60　角铁的安装方法

7. 选择安装刀具

（1）车刀种类。

在数控车床上使用的刀具按用途可分为外圆车刀、内孔车刀、螺纹刀、切断刀、钻头等。车刀按结构可分为整体式车刀、焊接式车刀、机夹车刀、可转位车刀和成形车刀。图1-61~图1-66为常用的各种车刀及应用。

生产中广泛采用不重磨机夹可转位车刀。其特点是刀片各刃可转位轮流使用，减少换刀时间；刀刃不重磨，有利于采用涂层刀片；断削槽型压制而成，尺寸稳定，节省硬质合金；刀杆、刀槽的制造精度高。

图1-61　常用车刀

图1-62　外圆车刀

图1-63　内孔车刀

图1-64　螺纹车刀

图1-65　切断（槽）车刀

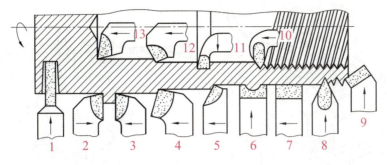

图 1-66 常用车刀的应用

1—切断刀；2—90°左偏刀；3—90°右偏刀；4—弯头车刀；5—直头车刀；6—成形车刀；7—宽刃精车刀；8—外螺纹车刀；9—端面车刀；10—内螺纹车刀；11—内槽车刀；12—通孔车刀；13—盲孔车刀

(2) 对刀具的要求。

为了减少换刀时间和方便对刀，便于实现机械加工的标准化，在数控车削加工时，应尽量采用机夹刀和机夹刀片。数控车床一般选用可转位车刀，使用时需考虑以下7个方面。

①刀片材质的选择。常见刀片材料有高速钢、硬质合金、涂层硬质合金、陶瓷、立方氮化硼和金刚石等，其中应用最多的是硬质合金和涂层硬质合金刀片。

②刀片尺寸的选择。刀片尺寸的大小取决于必要的有效切削刃长度 L。

③刀片形状的选择。刀片的基本形态由刀柄决定。通常有负型刀片与正型刀片。负型刀片本身没有后角，依靠刀杆设计装夹后形成后角；正型刀片本身带有后角，另外还要考虑槽型及刀尖 R 角等参数，合理确定刀片形状。

④刀尖圆弧半径的选择。刀尖圆弧半径的大小直接影响刀尖的强度及被加工零件的表面粗糙度。刀尖圆弧半径大，表面粗糙度值增大，切削力增大且易产生振动，但刀刃强度增加。通常在切深较小的精加工、细长轴加工、机床刚度较差的情况下，选用的刀尖圆弧较小些；而在需要刀刃强度高、工件直径大的粗加工中，选用的刀尖圆弧大些。

⑤刀杆头部形式的选择。刀杆头部形式按主偏角和直头，偏头分有十几种形式，各形式规定了相应的代码。

⑥左、右手刀柄的选择。有3种选择：R（右手）、L（左手）和N（左右手）。

⑦断屑槽形的选择。断屑槽形的参数直接影响切屑的卷曲和折断，槽形根据加工类型和加工对象的材料特性来确定：基本槽形按加工类型有精加工（代码F）、普通加工（代码M）和粗加工（代码R）；加工材料按国际标准有加工钢的P类、不锈钢、合金钢的M类和铸铁的K类。这两种情况一组合就有了相应的槽形，选择时可查阅具体的产品样本。比如FP就指用于钢的精加工槽形，MK是指用于铸铁普通加工的槽形等。

(3) 安装刀具。

将刀杆安装到刀架上，保证刀杆方向正确，要求与车床回转轴（Z轴）平行或垂直。图1-67为刀具在刀架上的安装，图1-68~图1-69为自动回转刀架的刀具安装。

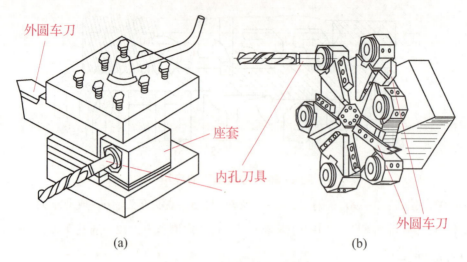

图 1-67 刀具在刀架上的安装

（a）普通转塔刀架；（b）自动回转刀架

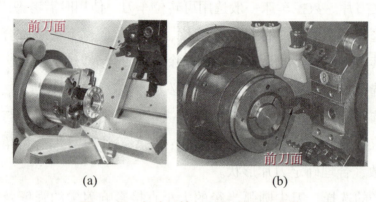

图 1-68 自动回转刀架左右手刀安装

（a）自动回转刀架左手刀 L 安装；（b）自动回转刀架右手刀 R 安装

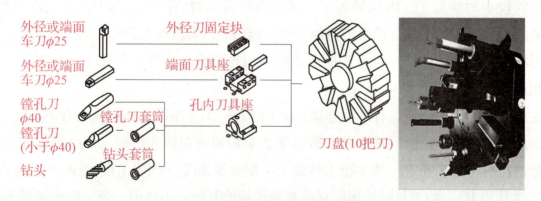

图 1-69 安装自动回转刀架车刀

8. 确定对刀点与换刀点

对刀点是数控加工时刀具相对零件运动的起点。由于程序也是从这一点开始执行，所以对刀点也称为程序起点。

对刀点的选择原则有以下 5 点。

（1）对刀点应选在对刀方便的位置，便于观察和检测。

（2）对刀点尽量选在零件的设计基准或工艺基准上，以提高零件加工精度。

(3) 便于数学处理和简化程序编制，建立了绝对坐标系的数控机床对刀点最好选在该坐标系的原点上，或者选择已知坐标值的点上。

(4) 需要换刀时，每次换刀所选择的换刀点位置应在工件外部的合适位置，避免在换刀时刀具与工件、夹具和机床相碰。

(5) 引起的加工误差小。对刀点可选在零件、夹具或机床上。若选在夹具或机床上则须与工件的定位基准相联系，以保证机床坐标系与工件坐标系的关系。

对刀点不仅是程序的起点，往往也是程序的终点。因此在批量生产中要考虑对刀点的重复定位精度，刀具加工一段时间后或每次机床启动时，都要进行刀具回机床原点或参考点的操作，以减小对刀点的累积误差。

刀具在机床上的位置是由"刀位点"的位置来表示的。

"刀位点"指程序编制中用于表示刀具特征的点，也是对刀和加工的基准点。各类车刀的刀位点如图1-70所示。在切削加工时经常要对刀，也就是使刀位点和对刀点重合。在实际操作时，可以通过手工对刀，但其对刀精度较低；也可采用光学对刀镜、对刀仪等自动对刀装置，以减少对刀时间、提高对刀精度。

在加工过程中需要换刀时应设置换刀点。所谓"换刀点"是指刀架转位换刀时的位置。该点可以是某一固定点或任意设定的一点。换刀点应设在工件或夹具的外部，以刀架转位时不碰到工件和其他部件为准。

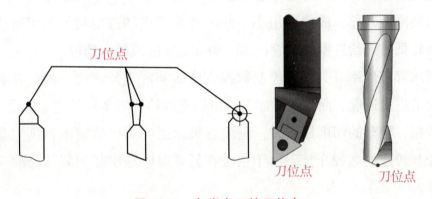

图1-70 各类车刀的刀位点

9. 选择切削用量

(1) 背吃刀量 a_p。

背吃刀量是垂直于进给速度方向的切削层最大尺寸，应根据零件的加工余量，由机床、夹具、刀具、工件组成的工艺系统的刚性确定。在刚度允许的情况下，背吃刀量应尽可能大；如果不受加工精度的限制，可使背吃刀量等于零件的加工余量，这样可以减少走刀次数，提高加工效率。

粗车时在保留半精车、精车余量的前提下，尽可能地将粗车余量一次切去。当毛坯余量较大，不能一次切除粗车余量时，尽可能选取较大的背吃刀量，以减少进给次数。数控机床的精加工余量可略小于卧式机床。

半精车和精车时，背吃刀量是根据加工精度和表面粗糙度的要求，由粗加工后留下的余量大小来确定的。如果余量不大，且一次进给不会影响加工质量要求时，可以一次进给车削到尺寸。

如一次进给产生振动或切屑拉伤已加工表面（如车孔），则应分成两次或多次进给车削，每次进给的背吃刀量按余量分配，依次减小。

当使用硬质合金刀具时，因其切削刃在砂轮上不能磨得很锋利（刃口圆弧半径较大），故最后一次的背吃刀量不宜太小，否则很难达到工件表面质量的要求。

（2）进给量 f（mm/min 或 mm/r）。

进给量是刀具在进给方向上相对工件的位移量。背吃刀量 a_p 值选定以后，根据工件的加工精度和表面粗糙度要求及刀具和工件的材料进行选择，确定进给量的适当值。最大进给量受到机床刚度和进给性能的制约。

① 粗车时，由于作用在工艺系统上的切削力较大，故进给量主要受机床功率和系统刚性等因素的限制。在条件允许的前提下，可选用较大的进给量。增大进给量有利于断屑。

② 半精车和精车时，因背吃刀量较小，故切削阻力不会很大。限制进给量的主要因素是图样规定的表面粗糙度。为保证加工精度和表面粗糙度要求，一般选用较小的进给量。

③ 在刀具空行程特别是远距离"回零"时，可设定尽量高的进给速度。

④ 进给速度应与主轴转速和背吃刀量相适应。

⑤ 车孔时刀具刚性较差，故应采用小一些的背吃刀量和进给量。在切断或用高速钢刀具加工时，宜选择较低的进给速度，一般在 20~50 mm/min 范围内选取。

一般数控机床都有倍率开关，能控制数控机床的实际进给速度。因此在数控编程时，可给定一个比较大的进给速度，而在实际加工时由倍率进给确定实际的进给速度。

此外在安排粗、精车的切削用量时，应注意机床说明书中给定的切削用量范围。对于主轴可采用交流变频调速的数控车床，由于主轴在低速时的输出扭矩降低，故应尤其注意此时切削用量的选择。

（3）切削速度 v_c。

切削速度是刀具切削刃上的某一点相对于待加工表面在主运动方向的瞬时速度，其对切削功率、刀具寿命、表面加工质量和尺寸精度有较大影响。提高切削速度可提高生产率和降低成本。但过分提高切削速度会使刀具总寿命下降，迫使背吃刀量和进给量减小，结果反而使生产率降低，加工成本提高。

① 粗车时，背吃刀量和进给量均较大，切削速度受刀具总寿命和机床功率的限制，可根据生产实践经验和有关资料来确定，一般选择较高的切削速度。但必须考虑机床的许用功率，如果超出机床的许用功率，则必须适当降低切削速度。

② 半精车和精车时，一般可根据刀具切削性能的限制来确定切削速度，可选择较高的切削速度，但须避开产生积屑瘤的区域。

③工件材料的加工性较差时，应选择较低的切削速度。加工灰铸铁的切削速度应较加工中碳钢的切削速度低，加工铝合金和铜合金的切削速度较加工钢的切削速度高得多。

④刀具材料的切削性能越好，切削速度就可选得越高。因此硬质合金刀具的切削速度可选得比高速钢的切削速度高几倍，而涂层硬质合金、陶瓷、金刚石和立方氮化硼刀具的切削速度又可选得比硬质合金刀具的切削速度高许多。

此外在断续切削时为减少冲击，应采用较低的切削速度和较小的进给量，并应避开自激振动的临界速度。车端面时可适当提高切削速度，使平均速度接近刀具车外圆时的速度值。车削细长轴时，工件易弯曲，故应采用较低的切削速度。

加工带硬皮的铸锻件时，亦应选择较低的切削速度。加工大型零件时，若机床和工件的刚性较好，则可采用较大的背吃刀量和进给量，但其切削速度应降低，以保证必要的刀具总寿命，并也可使工件旋转时的离心力不致太大。

数控车削用量推荐表如表1-1所示，详细内容可查阅切削用量手册。

表1-1 数控车削用量推荐表

工件材料	加工内容	背吃刀量/mm	切削速度/(m·min^{-1})	进给量/(mm·r^{-1})	刀具材料
碳素钢 (σ_s>600 MPa)	粗加工	5~7	60~80	0.2~0.4	YT类
	粗加工	2~3	80~120	0.2~0.4	
	精加工	0.2~0.6	120~150	0.1~0.2	
	钻中心孔		500~800		W18Cr4V
	钻孔		30	0.1~0.2	
	切断（宽度<5 mm）		70~110	0.1~0.2	YT类
铸铁 （硬度在200 HBS以下）	粗加工		50~70	0.2~0.4	YG类
	精加工		70~100	0.1~0.2	
	切断（宽度<5 mm）		50~70	0.1~0.2	

切削速度确定以后，要计算主轴转速。

a. 车削光轴时的主轴转速：根据零件上被加工部位的直径，按零件和刀具的材料及加工性质等条件所允许的切削速度来确定，计算公式为

$$n = \frac{1\,000\,v_c}{\pi D'}$$

式中：v_c——切削速度，单位为m/min；

D'——工件切削部位回转直径，单位为mm；

n——主轴转速，单位为r/min。

根据计算所得的值，便可查找机床说明书确定标准值。数控机床的控制面板上一般备有主轴转速修调（倍率）开关，可在加工过程中对主轴转速进行整倍数调整。

b. 车削螺纹时的主轴转速：在车螺纹时车床主轴转速过高，会使螺纹破牙，所以对普通

数控车床，车螺纹时的主轴转速为

$$n \leq \frac{1200}{P_h} - 80$$

式中：P_h——螺纹导程，单位为 mm。

三、对刀

试切对刀，对刀坐标系存储在 G54 中。

四、程序编制

程序如下：

```
O0011;                    程序名
N010 G54G00X100Z50;       建立工件坐标系/设置换刀点
N020 M03 S1500;           主轴正转 S1500
N030 T0101;               调 1 号刀及刀补
N040 G00 X30 Z0;          快速定位到起刀点
N050 G01 X-1F100;         切端面
N060 G00 Z5;              Z 方向退刀
N070 X21;                 X 方向退刀到外圆切削起始点
N080 G01 Z-20;            粗车外圆
N090 X30;                 X 方向退刀到 X30
N100 G00Z5;               Z 方向快速退刀
N110 X20;                 X 方向进刀
N120 M03S2000;            精车变速
N130 Z-20F40;             精车外圆至尺寸/调整进给率
N140 X30;                 X 方向退刀
N150 G00 X100;            X 方向快速返回到换刀点
N160 Z50;                 Z 方向快速返回到换刀点
N170 T0100;               取消 1 号刀补
N180 M05;                 主轴停
N190 M30;                 程序结束返回
```

五、加工

利用仿真系统的程序完成自动校验、模拟加工及检测功能。

六、尺寸测量

利用游标卡尺进行测量，不同位置多测量几次，避免读数误差。

1.4 任务评价

1. 个人知识和技能评价

个人知识和技能评价表如表 1-2 所示。

表 1-2 个人知识和技能评价表

评价项目	任务评价内容	分值	自我评价	小组评价	教师评价	得分
项目理论知识	①编程格式及走刀路线	5				
	②基础知识融会贯通	10				
	③零件图纸分析	10				
	④制订加工工艺	10				
	⑤加工技术文件的编制	5				
项目仿真加工技能	①程序的输入	10				
	②图形模拟	10				
	③刀具、毛坯的选择及对刀	10				
	④仿真加工工件	5				
	⑤尺寸等的精度仿真检验	5				
职业素质培养	①出勤情况	5				
	②纪律	5				
	③团队协作精神	10				
合计总分		100				

2. 小组学习实例评价

小组学习实例评价表如表 1-3 所示。

表 1-3 小组学习实例评价表

班级： 　　　　　小组编号： 　　　　　成绩：

评价项目	评价内容及评价分值			学员自评	同学互评	教师评分
	优秀（12~15分）	良好（9~11分）	继续努力（9分以下）			
分工合作	小组成员分工明确，任务分配合理，有小组分工职责明细表	小组成员分工较明确，任务分配较合理，有小组分工职责明细表	小组成员分工不明确，任务分配不合理，无小组分工职责明细表			

续表

评价项目	评价内容及评价分值			学员自评	同学互评	教师评分
获取与项目有关质量、市场、环保等内容的信息	优秀（12~15分） 能使用适当的搜索引擎从网络等多种渠道获取信息，并合理地选择信息、使用信息	良好（9~11分） 能从网络获取信息，并较合理地选择信息、使用信息	继续努力（9分以下） 能从网络或其他渠道获取信息，但信息选择不正确，信息使用不恰当			
数控仿真加工技能操作情况	优秀（16~20分） 能按技能目标要求规范完成每项实操任务，能正确分析机床可能出现的报警信息，并对显示故障能迅速排除	良好（12~15分） 能按技能目标要求规范完成每项实操任务，但仅能部分正确分析机床可能出现的报警信息，并对显示故障能迅速排除	继续努力（12分以下） 能按技能目标要求完成每项实操任务，但规范性不够。不能正确分析机床可能出现的报警信息，不能迅速排除显示故障			
基本知识分析讨论	优秀（16~20分） 讨论热烈，各抒己见，概念准确，原理思路清晰，理解透彻，逻辑性强，并有自己的见解	良好（12~15分） 讨论没有间断，各抒己见，分析有理有据，思路基本清晰	继续努力（12分以下） 讨论能够展开，分析有间断，思路不清晰，理解不够透彻			
成果展示	优秀（24~30分） 能很好地理解项目的任务要求，成果展示逻辑性强，能熟练利用信息平台进行成果展示	良好（18~23分） 能较好地理解项目的任务要求，成果展示逻辑性强，能较熟练利用信息平台进行成果展示	继续努力（18分以下） 基本理解项目的任务要求，成果展示停留在书面和口头表达，不能熟练利用信息平台进行成果展示			
合计总分						

1.5 职业技能鉴定指导

1. 知识技能复习要点

(1) 掌握简单零件图的画法。
(2) 学会数控车床加工工艺文件的制订。
(3) 能够对通用车床夹具（如三爪自定心卡盘、四爪单动卡盘）进行零件装夹与定位。
(4) 根据数控车床加工工艺文件选择、安装和调整数控车床常用刀具。
(5) 掌握坐标系的知识、数控编程知识。
(6) 能读懂数控车床操作说明书。
(7) 掌握数控车床操作面板的使用方法。

2. 理论复习（模拟试题）

(1) 职业道德与人的事业的关系是（　　）。
A. 有职业道德的人一定能够获得事业成功　　B. 事业成功的人往往具有较高的职业道德
C. 没有职业道德的人不会获得成功　　D. 缺乏职业道德的人往往更容易获得成功

(2) 企业标准是由（　　）制定的标准。
A. 国家　　B. 企业　　C. 行业　　D. 地方

(3) 按化学成分的不同，铸铁可分为（　　）。
A. 普通铸铁和合金铸铁　　B. 灰铸铁和球墨铸铁
C. 灰铸铁和可锻铸铁　　D. 白口铸铁和麻口铸铁

(4) 石墨以片状存在的铸铁称为（　　）。
A. 灰铸铁　　B. 可锻铸铁　　C. 球墨铸铁　　D. 蠕墨铸铁

(5) 绝对编程是指（　　）。
A. 根据与前一个位置的坐标增量来表示位置的编程方法
B. 根据预先设定的编程原点计算坐标尺寸与进行编程的方法
C. 根据机床原点计算坐标尺寸与进行编程的方法
D. 根据机床参考点计算坐标尺寸进行编程的方法

(6) 程序段号的作用之一是（　　）。
A. 便于对指令进行校对、检索、修改　　B. 解释指令的含义
C. 确定坐标值　　D. 确定刀具的补偿值

(7) 用两顶尖装夹工件时，可限制（　　）。
A. 两个移动三个转动　　B. 三个移动两个转动
C. 三个移动三个转动　　D. 两个移动两个转动

（8）工件坐标系的零点一般设在（   ）。

A. 机床零点　　　　B. 换刀点　　　　C. 工件的端面　　　　D. 卡盘根

（9）三视图的投影规律是主视图与俯视图宽相等，主视图与左视图高平齐，俯视图与左视图长对正。（   ）

（10）全面质量管理具体的有设计开发、生产制造、使用服务和辅助生产4个过程。（   ）

3. 技能实训（真题）

数控仿真软件的操作训练。

任务 2

车削加工外圆柱/圆锥类表面

知识目标

1. 掌握数控车削外圆柱/圆锥面工艺知识（职业技能鉴定点）
2. 掌握外圆柱/圆锥面加工常用编程指令（G00、G01、G90、G94、G71、G72）（职业技能鉴定点）
3. 熟悉数控车床仿真软件
4. 熟悉数控车削加工仿真操作步骤

技能目标

1. 能分析和设计外圆/圆锥面加工工艺（职业技能鉴定点）
2. 掌握外圆/圆锥面的测量（职业技能鉴定点）
3. 能编制外圆/圆锥面加工程序（职业技能鉴定点）
4. 能在仿真软件中加工零件

素养目标

1. 培养学生一定的计划、决策、组织、实施和总结的能力
2. 培养学生勤于思考、刻苦钻研、勇于探索的良好作风
3. 培养学生自学能力，在分析和解决问题时查阅资料、处理信息、独立思考及可持续发展能力

2.1 任务描述——加工短轴

短轴如图 2-1 所示,按单件生产安排其数控加工工艺,试编写出轮廓加工程序。毛坯为 φ38 mm 棒料,材料为 45 钢。

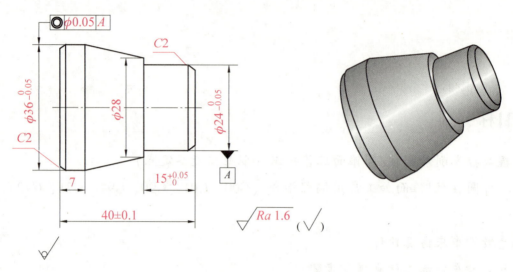

图 2-1 短轴

2.2 相关知识

一、基本编程指令

1. 字与字的功能

(1) 字符与代码。字符是用来组织、控制或表示数据的一些符号,如数字、字母、标点符号、数学运算符等。数控系统只能接受二进制信息,用"0"和"1"组合的代码来表达。国际上广泛采用两种标准代码:ISO 与 EIA。这两种标准代码的编码方法不同,在大多数现代数控机床上这两种代码都可以使用,只需用系统控制面板上的开关来选择,或用 G 功能指令来选择即可。

(2) 字。在数控加工程序中,字是指一系列按规定排列的字符,作为一个信息单元存储、传递和操作。字是由一个英文字母与随后的若干位十进制数字组成,这个英文字母称为地址符。

如:"G00"是一个字,"G"为地址符,数字"00"为地址中的内容。

(3) 字的功能。组成程序段的每一个字都有其特定的功能含义,本教材主要是以 FANUC

数控系统的规范为主来介绍的，实际工作中，请遵照机床数控系统说明书来使用各个功能字。

① 顺序号功能。顺序号又称程序段号或程序段序号。顺序号位于程序段之首，由顺序号字 N 和后续数字组成。顺序号字 N 是地址符，后续数字一般为 1~4 位的正整数。数控加工中的顺序号实际上是程序段的名称，与程序执行的先后次序无关。数控系统不是按顺序号的次序来执行程序，而是按照程序段编写时的排列顺序逐段执行。

顺序号的作用：对程序的校对和检索修改；作为条件转向的目标，即作为转向目的程序段的名称。有顺序号的程序段可以进行复归操作，这是指加工可以从程序的中间开始，或回到程序中断处开始。

一般使用方法：编程时将第一程序段冠以 N10，之后以间隔 10 递增的方法设置顺序号，这样，在调试程序时，如果需要在 N10 和 N20 之间插入程序段时，就可以使用 N11、N12 等顺序号。

② 准备功能。准备功能字的地址符是 G，又称为 G 功能或 G 指令，是用于建立机床或控制系统工作方式的一种指令。后续数字一般为 1~3 位的正整数，G 功能字含义表如表 2-1 所示。

表 2-1　G 功能字含义表

G 功能字	FANUC 系统	SIEMENS 系统	G 功能字	FANUC 系统	SIEMENS 系统
G00	快速移动点定位	快速移动点定位	G23		直径尺寸
G01	直线插补	直线插补	G27	返回参考点检查	
G02	顺时针圆弧插补	顺时针圆弧插补	G28	自动返回参考点	
G03	逆时针圆弧插补	逆时针圆弧插补	G29	自动从参考点返回	
G04	暂停	暂停	G32	螺纹切削	—
G05	—	通过中间点圆弧插补	G33	—	恒螺距螺纹切削
G17	XY 平面选择	XY 平面选择	G40	刀尖半径补偿注销	刀尖半径补偿注销
G18	XZ 平面选择	XZ 平面选择	G41	刀尖半径补偿——左	刀尖半径补偿——左
G19	YZ 平面选择	YZ 平面选择	G42	刀尖半径补偿——右	刀尖半径补偿——右
G20	英制单位		G43	刀具长度补偿——正	—
G21	米制单位		G44		刀具长度补偿——负
G22	脉冲当量	半径尺寸	G49	刀具长度补偿注销	—

续表

G 功能字	FANUC 系统	SIEMENS 系统	G 功能字	FANUC 系统	SIEMENS 系统
G50	主轴最高转速限制 数控车设定工件坐标系	—	G90	数控车外圆单循环 数控铣绝对尺寸编程	绝对尺寸编程
G54~G59	加工坐标系设定	零点偏置	G91	数控铣增量尺寸编程	增量尺寸编程
G65	用户宏指令	—	G92	螺纹切削循环 数控铣设定工件坐标系	主轴转速极限
G70	精加工循环	英制单位	G94	数控车端面单循环 数控铣每分钟进给量	每分钟进给量
G71	外圆粗车循环	米制单位	G95	数控铣每转进给量	每转进给量
G72	端面粗车循环	—	G96	恒线速控制	恒线速度
G73	封闭粗车循环	—	G97	恒线速取消	注销 G96
G74	深孔钻削复合循环	返回参考点	G98	数控车每分钟进给量 数控铣返回起始平面	—
G75	外径切槽循环	返回固定点	G99	数控车每转进给量 数控铣返回 R 平面	—
G76	复合螺纹切削循环	—			

③尺寸功能。尺寸字用于确定机床上刀具运动终点的坐标位置。其中，第一组：X，Y，Z，U，V，W，P，Q，R 用于确定终点的直线坐标尺寸；第二组：A，B，C，D，E 用于确定终点的角度坐标尺寸；第三组：I，J，K 用于确定圆弧轮廓的圆心坐标尺寸。在一些数控系统中，还可以用 P 指令暂停时间、用 R 指令圆弧的半径等。多数数控系统可以用准备功能字来选择坐标尺寸的制式，如 FANUC 诸系统可用 G21/G20 来选择米制单位或英制单位，也有些系统用系统参数来设定尺寸制式。当采用米制单位时，一般单位为 mm，如 X100 指令的坐标单位为 100 mm。当然，一些数控系统可通过参数来选择不同的尺寸单位。

④进给功能。进给功能字的地址符是 F，又称为 F 功能或 F 指令，用于指定切削的进给速度。对于车床，F 可分为每分钟进给和主轴每转进给两种。对于其他数控机床，一般只用每分钟进给。F 指令在螺纹切削程序段中常用来指定螺纹的导程。

⑤主轴转速功能。主轴转速功能字的地址符是 S，又称为 S 功能或 S 指令，用于指定主轴转速，单位为 r/min。对于具有恒线速度功能的数控车床，程序中的 S 指令用来指定车削加工

的线速度,单位为 m/min。

⑥刀具功能。刀具功能字的地址符是 T,又称为 T 功能或 T 指令,用于指定加工时所用刀具的编号。对于数控车床,其后的数字还兼作指定刀具长度补偿和刀尖半径补偿用。

⑦辅助功能。辅助功能字的地址符是 M,后续数字一般为 1~3 位的正整数,又称为 M 功能或 M 指令,用于指定数控机床辅助装置的开关动作,M 功能字含义表如表 2-2 所示。

表 2-2　M 功能字含义表

M 功能字	含　义	M 功能字	含　义
M00	程序停止	M07	2 号冷却液开
M01	计划停止	M08	1 号冷却液开
M02	程序结束	M09	冷却液关
M03	主轴顺时针旋转	M30	程序停止并返回开始处
M04	主轴逆时针旋转	M98	调用子程序
M05	主轴旋转停止	M99	返回子程序
M06	换刀		

2. 编程格式

(1) 程序段格式。

程序段是指可作为一个单位来处理的、连续的字组,是数控加工程序中的一条语句。一个数控加工程序是由若干个程序段组成的。

程序段格式是指程序段中的字、字符和数据的安排形式。现在一般使用字地址可变程序段格式,每个字长不固定,各个程序段中的长度和功能字的个数都是可变的。

续效字是指地址可变程序段格式中,在上一程序段中写明的、本程序段里又不变化的那些字,这些字仍然有效,可以不再重写,这种功能字称为续效字。

程序段格式举例:

N30 G01 X88.1 Y30.2 F500 S3000 T02 M08;

N40 X90(本程序段省略了续效字"G01,Y30.2,F500,S3000,T02,M08",但它们的功能仍然有效)在程序段中,必须明确组成程序段的各要素。

移动目标:终点坐标值 X、Y、Z。

轨迹移动:准备功能字 G。

进给速度:进给功能字 F。

切削速度:主轴转速功能字 S。

使用刀具:刀具功能字 T。

机床辅助动作:辅助功能字 M。

(2) 加工程序的一般格式。

加工程序的一般格式举例：

```
%                                      // 开始符
O1000;                                 // 程序名
N10 G00 G54 X50 Y30 M03 S3000;
N20 G01 X88.1 Y30.2 F500 T02 M08;      // 程序主体
N30 X90;                               （N10~N290）
……;
N290 M05;
N300 M30;                              // 程序结束
%                                      // 结束符
```

①程序开始符、结束符。程序开始符、结束符是同一个字符，ISO 代码中是"%"，EIA 代码中是"EP"，书写时要单列一段。

②程序名。FANUC 系统程序名由英文字母 O 和 1~4 位正整数组成，一般要求单列一段。

③程序主体。程序主体是由若干个程序段组成，主体最后程序段一般用 M05 停主轴。每个程序段一般占一行。

④程序结束指令。程序结束指令可以用 M02 或 M30。一般要求单列一段。

3. 绝对/相对坐标系编程

FANUC 系统数控车床有两个控制轴，有两种编程方法：绝对坐标命令方法和相对坐标命令方法。此外，这些方法能够被结合在一个指令里。对于 X 轴和 Z 轴地址所要求的相对坐标指令是 U 和 W。

图 2-2 为绝对/相对坐标编程。锥面的车削锥面有 3 种编程形式，具体如下。

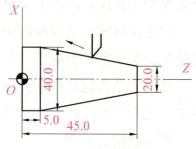

图 2-2 绝对/相对坐标编程

(1) 绝对坐标程序——G01 X40Z5F100；

(2) 相对坐标程序——G01 U20W-40F100；

(3) 混合坐标程序——G01 X40W-40F100/G01 U20Z5F100。

4. 常用编程指令

(1) G54~G59——加工坐标系设定。

编程格式：G54~G59；

通过使用 G54~G59 命令，采取工件坐标系预先寄存在数控机床寄存器的方式，最多可设置 6 个工件坐标系（1~6）。在接通电源和完成原点返回后，系统自动选择工件坐标系（G54~G59）。在有"模态"命令对这些坐标做出改变之前，它们将保持其有效性。

(2) G50——设定工件坐标系。

在编程前，一般首先确定工件原点，在 FANUC Oi 数控车床系统中，设定工件坐标系常用的指令是 G50。从理论上来讲，车削工件的工件原点可以设定在任何位置，但为了编程计算方便，编程原点常设定在工件的右端面或左端面与工件中心线的交点处。

编程格式：G50 X_Z_;

式中，X、Z 为当前刀尖（即刀位点）起始点相对于工件原点的 X 轴方向和 Z 轴方向的坐标，X 值常用直径值来表示。G50 设定工件坐标系如图 2-3 所示，用 G50 来设置工件坐标系。

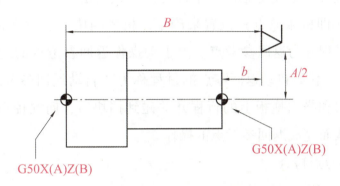

图 2-3 G50 设定工件坐标系

例如：按图 2-4 设置加工坐标的程序段：G50 X128.7 Z375.1。

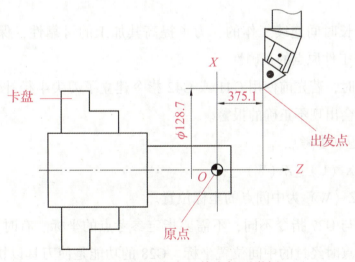

图 2-4 G50 设定工件坐标系举例

显然，如果当前刀具位置不同，所设定的工件坐标系也不同，即工件原点也不同。因此，数控机床操作人员在程序运行前，必须通过调整机床，将当前刀具移到确定的位置，这一过程就是对刀。对刀要求不一定十分精确，如果有误差，可通过调整刀具补偿值来达到精度要求。

(3) T 功能——用于选择加工所用刀具。

编程格式：T____;

T 后面通常有 4 位数字表示所选择的刀具号码。前 2 位是刀具号，后 2 位是刀具长度补偿号，又是刀尖圆弧半径补偿号。但也有 T 后面用两位数的情况。在 FANUC Oi 数控车床系统中，这两种形式均可通用。

例如：T0101 表示采用 1 号刀具和 1 号刀补；T0100 表示取消刀具补偿。

(4) G94/G98、G95/G99——设定进给速度单位。

编程格式：G94/G98　F＿；每分钟进给量，单位为 mm/min；

G95/G99　F＿；每转进给量，主轴转一周时刀具的进给量，单位为 mm/r。

一般，FANUC 系统车床用 G98（mm/min）、G99（mm/r），FANUC 系统铣床、SIMENS 系统采用 G94（mm/min）、G95（mm/r）。

(5) G27、G28、G29——与参考点有关的指令。

所谓"参考点"是指沿着坐标轴的一个固定点，其固定位置由 X 轴方向与 Z 轴方向的机械挡块及电动机零点（即机床原点）位置来确定，机械挡块一般设定在 X、Z 轴正向最大位置。定位到参考点的过程称为返回参考点。由手动操作返回参考点的过程称为"手动返回参考点"，而根据规定的 G 代码自动返回零点的过程称为"自动返回参考点"。当进行返回参考点的操作时，装在纵向和横向拖板上的行程开关碰到挡块后，向数控系统发出信号，由系统控制拖板停止运动，从而完成返回参考点的操作。

①G27——返回参考点检查。

编程格式：G27 X（U）_Z（W）_；

式中，X（U）、Z（W）为参考点在编程坐标系中的坐标，X、Z 为绝对坐标，U、W 为增量坐标。

数控机床通常是长时间连续工作的，为了提高其加工的可靠性，保证零件的加工精度，可用 G27 指令来检查工件原点的正确性。

在使用这一指令时，若先前使用 G41 或 G42 指令建立了刀尖半径补偿，则必须用 G40 取消后才能使用，否则会出现不正确的报警。

②G28——自动返回参考点。

编程格式：G28 X（U）_Z（W）_；

式中，X（U）、Z（W）为中间点的坐标位置。

说明：这一指令与 G27 指令不同，不需要指定参考点的坐标。有时为了安全起见，需指定一个刀具返回参考点时经过的中间位置坐标。G28 的功能是使刀具以快速定位移动的方式，经过指定的中间位置，从而返回参考点。

③G29——自动从参考点返回。

编程格式：G29 X_ Z_；

式中，X、Z 为刀具返回目标点时的坐标。

说明：G29 经过中间点（G28 命令中规定的中间点）达到目标点指定的位置后，返回参考点。因此，这一指令在使用之前，必须保证前面已经用过 G28 指令，否则 G29 指令不知道中间点的位置，从而会发生错误。

(6) G96、G97——线速度控制。

数控车床主轴分低速和高速区，在每一个区内的速率可以自由改变。

编程格式：

①G96 S—；

G96 的功能是执行恒线速度控制，并且只有在通过改变转速来控制相应的工件直径变化时才能维持稳定的、恒定的切削速率，其和 G50 指令配合使用。在车削端面、圆锥面或圆弧面时，常用 G96 指令恒线速度，使工件上任意一点的切削速度都一样。

例如：G50 S1800；（指令主轴最高转速为 1 800 r/min）

G96 S100；（指令恒线速度为 100 m/min）

②G97 S—；

G97 的功能是取消恒线速度控制，并且仅控制转速的稳定，如果 S 未指定，则将保留 G96 的最终值。

例如：G97 S1000；（恒线速取消后，主轴速度为 1 000 r/min）

一般情况下，G50、G96、G97 这 3 个指令要配合使用。

（7）G00——快速移动点定位。

编程格式：G00 X（U）_Z（W）_；

式中，X（U）、Z（W）为移动终点，即目标点的坐标，X、Z 为绝对坐标，U、W 为增量坐标。

快速点定位（G00）同时到达终点

功能：G00 快速点定位指令控制机床各轴以最大速率从现在的位置移动到指令位置。G00 是模态指令。

> **特别提示**

①刀具以点位控制方式从当前点快速移动到目标点。

②对于快速定位，无运动轨迹要求，其移动速度是机床设定的空行程速度，与程序段中指定的进给速度无关。

增量尺寸

③G00 指令是模态指令，其中 X（U），Z（W）是目标点的坐标。

④车削时快速定位目标点不能直接选在工件上，一般要离开工件表面 1~2 mm。

G00 刀具轨迹示意图如图 2-5 所示，车削加工从起点 A 快速运动到目标点 B，其绝对坐标方式程序（系统默认 X 向为直径编程格式）为 G00 X120 Z100；其增量坐标方式编程为 G00 U80 W80；

如果程序为 G00X120Z60；则刀具快速运动到点 (60，60)。如果程序为 X120Z100；则刀具再运动到点 (60，100)。

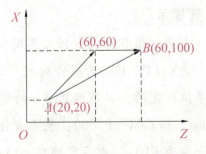

图 2-5 G00 刀具轨迹示意图

在执行上述程序段，使用 G00 指令时要注意刀具是否和工件及夹具发生干涉。若忽略这一点，则容易发生碰撞。

(8) G01——直线插补。

编程格式：G01 X（U）_Z（W）_F_；

式中，X（U）、Z（W）为加工目标点的坐标，X、Z为绝对坐标，U、W为增量坐标；F为加工时的进给率。

功能：指令刀具以程序给定的速度从当前位置沿直线加工到目标位置。

> **特别提示**

①刀具从当前点出发，以插补联动方式按指定的进给速度直线移动到目标点。G01指令是模态指令。

②进给速度由F指定。它可以用G00指令取消。在G01程序段中或之前必须含有F指令。

G01指令举例如图2-6所示，选右端面O为编程原点，绝对坐标编程为

G00　X50Z2 M03 S800；（$P_0→P_1$）。

G01　Z-40F80；（$P_1→P_2$）。

X80Z-60；（$P_2→P_3$）。

G00　X200Z100；（$P_3→P_0$）。

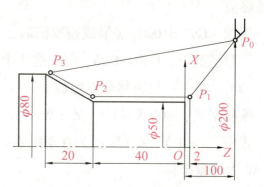

图2-6　G01指令举例

增量坐标编程为

G00 U-150 W-98M03S800；（$P_0→P_1$）。

G01 W-42F80；（$P_1→P_2$）。

U30 W-20；（$P_2→P_3$）。

G00 U120W160；（$P_3→P_0$）。

……

(9) G04——暂停。

编程格式：G04 X_(P_)；

式中，X（P）为暂停时间，单位为s或ms。

> **特别提示**

①执行该程序段暂停给定时间；暂停时间后，继续执行下一段程序。

②X（P、U）为暂停时间。其中X后面可用小数表示，单位为s，如G04X5。表示前面的程序执行完后，只有经过5 s的暂停，下面的程序段才能执行。地址P后面用整数表示，单位为ms。如G04　P1000；表示暂停1 000 ms。地址U后面单位为r，其值为U/F，如U40（若进给率为F10），表示零件转40 r/10＝4 r。

③当暂停时，数控车床的主轴不会停止运动，但其刀具会停止运动。

【实例2-1】外圆、车槽、车倒角编程实例

1. 实例描述

加工工件分别如图2-7（a）、图2-7（b）、图2-7（c）所示，刀尖从A点移动到B点，

完成车外圆、车槽、车倒角的编程。

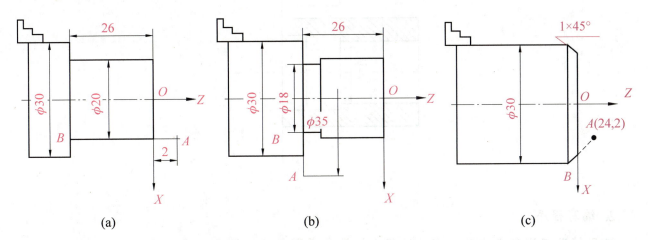

图 2-7 应用举例

(a) 车外圆；(b) 车槽；(c) 车倒角

2. 编写程序

①车外圆。

程序如下：

G00	X20	Z2;	
G01	Z-26	F80;	绝对坐标方式
或 G01	U0	W-28 F80;	增量坐标方式
或 G01	W-28	F80;	混合坐标方式

②车槽。

程序如下：

G00	X35	Z-26;	
G01	X18	F50;	绝对坐标方式
或 G01	U-17	F50;	增量坐标方式

③车倒角。

程序如下：

G00	X24	Z2;	
G01	X30	Z-1 F80;	绝对坐标方式
或 G01	U6	W-3 F80;	增量坐标方式

【实例 2-2】 内孔车削编程实例

1. 实例描述

加工工件如图 2-8 所示，给定材料内径为 20 mm，试用一刀完成车削，编写车削内孔 26 mm 的程序。

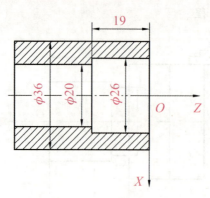

图 2-8 内孔车削实例

2. 编写程序

选用镗孔刀进行车内孔，零件编程坐标系参考图 2-8，程序如下：

```
N10  G00 X26 Z3；
N20  G01 Z-19 F100；
N30  X18；
N40  Z3；
N50  G00 X50 Z50；
```

与车削外圆柱面不同的是，在车削完内孔退刀时，由于刀具还处于孔的内部，不能直接退刀到加工的起始位置，因此必须先将刀具从孔的内部退出来后，再退回到起始位置。

二、循环指令

1. 单循环指令

单一固定循环可以将一系列连续加工的4步动作，即"进刀-切削-退刀-返回"，用一个循环指令完成，刀具的循环起始位置也是循环的终点，从而简化了程序。

（1）G90——单一形状内（外）圆自动车削循环。

编程格式：G90 X（U）_Z（W）_R_F_；

式中，X（U）、Z（W）——切削循环终点的坐标；

R——圆锥面切削起始点与终点的半径之差；

F——切削速度。

①圆柱面车削循环。

编程格式：G90 X（U）_Z（W）_F_；

特别提示

X、Z 为圆柱面切削终点的绝对坐标，U、W 为终点相对于起点的增量坐标，U、W 数值符号由刀具路径方向来决定，G90 指令车圆柱面动作顺序如图 2-9（a）所示，图 2-9（b）所示的 G90 指令车圆柱示例的程序如下：

```
G90 X40 Z30 F30;        刀具运动轨迹为 A→B→C→D→A
X30;                    刀具运动轨迹为 A→E→F→D→A
X20;                    刀具运动轨迹为 A→G→H→D→A
```

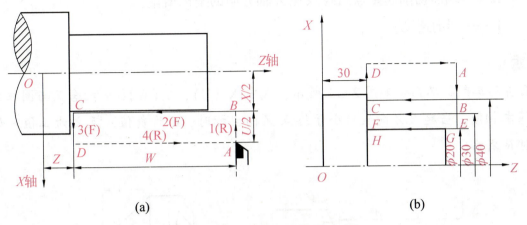

图 2-9 圆柱面自动车削循环指令

(a) G90 指令车圆柱面动作顺序；(b) G90 指令车圆柱示例

② 圆锥面车削循环。

特别提示

G90 指令车圆锥面动作顺序如图 2-10（a）所示，R 为锥体大小端的半径差，用增量值表示，其符号取决于刀具起于锥端面的位置。当刀具起于锥端大头时，R 为正值；当刀具起于锥端小头时，R 为负值。即当起点坐标大于终点坐标时，R 为正值，反之为负值，图 2-10（b）所示的 G90 指令车圆锥面示例的程序如下：

```
G90 X40 Z20 R-5 F30;
X30;
X20;
```

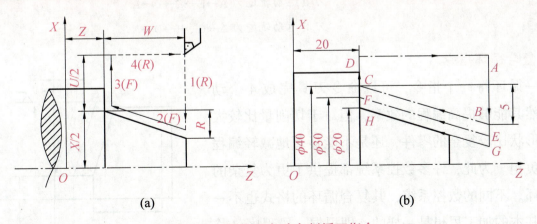

图 2-10 圆锥面自动车削循环指令

(a) G90 指令车圆锥面动作顺序；(b) G90 指令车圆锥面示例

(2) G94——单一形状端面自动车削循环。

编程格式：G94 X（U）_Z（W）_R_F_；

式中，X（U）、Z（W）——切削循环终点的坐标；

R——端面切削起始点与终点在Z轴方向的坐标增量；

F——切削速度。

> **特别提示**
>
> 端面自动车削循环指令如图2-11所示，式中X（U）、Z（W）、F的含义与圆柱面车削循环G90基本相同。当起点Z向坐标小于终点Z向坐标时，R为负值，反之为正值。如果没有锥度，则R省略。

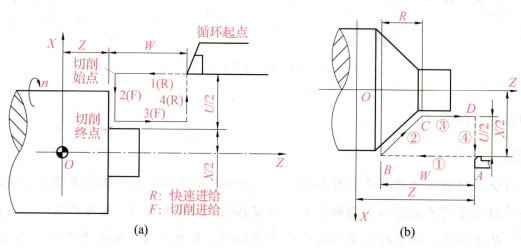

图2-11 端面自动车削循环指令

（a）G94指令车端面动作顺序；（b）G94指令车锥端面动作顺序

G94锥端面自动车销循环如图2-12所示，程序如下：

```
G94 X20 Z29 R-7 F30;     刀具运动轨迹为A→B→C→D→A
Z24;                     刀具运动轨迹为A→E→F→D→A
Z19;                     刀具运动轨迹为A→G→H→D→A
```

2. 复合循环指令

单一循环每一个指令，可以命令刀具完成4个动作，虽然其能够提高编程的效率，但对于切削量比较大或轮廓形状比较复杂的零件，还是不能显著地减轻编程人员的负担。为此，许多数控系统都提供了更为复杂的复合循环。不同的数控系统，其复合循环的格式也不一样，但基本的加工思想是一样的，即根据一段程序（称为精加工形状程序）来确定零件形状，然后由数控系统进行计算，从而进行粗加工。这里介绍FANUC数控系

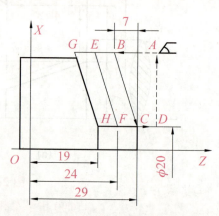

图2-12 G94锥端面自动车削循环

统用于车床的复合循环。

FANUC 数控系统的复合循环有两种编程格式,一种是用两个程序段完成粗加工,另一种是用一个程序段完成粗加工。具体用哪一种格式,取决于所采用的数控系统。

(1) G71——内(外)圆粗车循环。

编程格式:G71 U (Δd) R (e);
　　　　　G71 P (ns) Q (nf) U (Δu) W (Δw) F (f) S (n) T (t);
　　　　　N (ns) …
　　　　　　⋮
　　　　　N (nf) …

内(外)圆粗车循环(G71)

式中,Δd——粗车时 X 轴方向的背吃刀量(半径值),一定为正值;

　　　e——粗车时每一刀切削完成后在 X 轴方向的退刀量(半径值);

　　　ns——精加工形状程序的第一个程序段序号;

　　　nf——精加工形状程序的最后一个程序段序号;

　　　Δu——X 轴方向的精车余量(直径值);

　　　Δw——Z 轴方向的精车余量;

　　　f——粗车时的进给速度;

　　　n——粗车时的主轴转速;

　　　t——粗车时的刀具。

> **特别提示**
>
> ①G71 内(外)圆粗车循环如图 2-13 所示,刀具起始点位于 A,循环开始时,由 $A \to B$ 为留精车余量,然后,从 B 点开始,进刀 Δd 的深度至 C,然后切削,碰到给定零件轮廓后,沿 45°方向退出,当 X 轴方向的退刀量等于给定量 e 时,沿水平方向退出至 Z 轴方向坐标与 B 相等的位置,然后再进刀切削第二刀……如此循环,加工到最后一刀时,刀具沿着留精车余量后的轮廓切削至终点,最后返回到起始点 A。
>
> ②G71 循环中,F 指定的速度是指切削的速度,其他过程如进刀、退刀、返回等的速度均为快速进给的速度。
>
> ③有的 FANUC 数控系统中,由 ns 指定的程序段只能编写成"G00 X (U);"或"G01 X (U);",不能有 Z 轴方向的移动,这样的循环称为Ⅰ类循环。而有的数控系统中没有这个限制,称为Ⅱ类循环。同样,对于零件轮廓,Ⅰ类循环要求零件轮廓形状只能逐渐递增(或递减),也就是说,形状轮廓不能有凹坑;而Ⅱ类循环允许有一个坐标轴方向出现增减方向的改变。
>
> ④格式中的 S、T 功能如果在 G71 指令所在的程序段中已经设定,则可省略。
>
> ⑤ns 与 nf 之间的程序段中设定的 F、S 功能在粗车时无效。

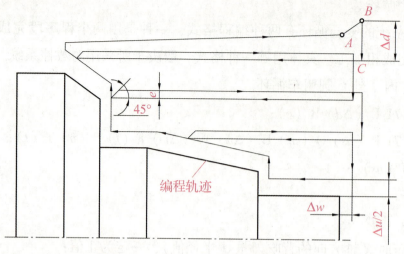

图 2-13　G71 内（外）圆粗车循环

(2) G70——精车复合循环。

编程格式：G70 P（ns） Q（nf）；

功能：用 G71、G72、G73 指令粗加工完毕后，可用精加工循环指令，使外圆精车刀进行精加工，ns、nf 含义与 G71 相同。

【实例 2-3】G71 内径/外径粗车复合循环编程实例

1. 实例描述

加工工件如图 2-14 所示，毛坯为 φ82 mm×100 mm 的铁棒，要求用两把刀具分别进行粗、精车加工，试编程。设定工件右端面中心为编程原点，粗车刀作为基准刀，粗车时吃刀深度 2 mm，留精加工余量 X 轴方向为 0.5 mm，Z 轴方向为 0.25 mm。

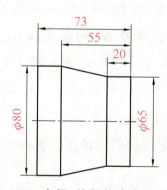

图 2-14　G71 内径/外径粗车复合循环实例

2. 编写程序

程序如下：

O0101;	
N10 G54 T0100;	设工件定坐标系，选用 1 号刀
N20 G00 X150 Z150;	设置换刀点
N30 M03 S1000 T0101;	启动主轴正转，转速 1 000 r/min，建立 1 号刀具补偿

```
N40 G00 X85 Z5;            进刀至粗车起始点
N50 G71 U2 R1;             粗车,每刀 2 mm,退刀 1 mm
N60 G71 P70 Q110 U0.5 W0.25 F100;  精车余量 X=0.5 mm,Z=0.25 mm
N70 G00 X65;               进刀至精加工起始点(ns)
N80 G01 Z-20 F50;          车削外圆柱 65
N90 X80 Z-55 R5;           车削圆锥
N100 Z-73;                 车削外圆柱 80
N110 X85;                  退刀至 X85 处,精加工终点(nf)
N120 M03 S1500;            变速,准备精加工
N130 G70 P70 Q110;         精车外形
N140 G00 X150 Z150;        返回换刀点
N150 T0100;                换回 1 号刀,取消刀具补偿
N160 M05;                  主轴停
N170 M30;                  程序结束并返回程序开始
```

(3) G72——端面粗车复合循环。

编程格式：G72 W (Δd) R (e);
　　　　　G72 P (ns) Q (nf) U (Δu) W (Δw) F (f) S (n) T (t);
　　　　　N (ns)
　　　　　　⋮
　　　　　N (nf)

端面粗车复合循环（G72）

式中，Δd——粗车时每一刀切削时的背吃刀量，即 Z 轴方向的进刀量；

　　　e——粗车时，每一刀切削完成后在 Z 轴方向的退刀量。

其他参数与 G71 相同。

特别提示

①G72 与 G71 指令加工方式相同，只是车削循环是沿着平行于 X 轴的方向进行的，端面粗切循环适于 Z 方向余量小，X 方向余量大的棒料粗加工，加工过程如图 2-15 所示。不同的是，G72 指令的进刀是沿着 Z 轴方向进行的，刀具起始点位于 A。循环开始时，由 A→B 为留精车余量，然后，从 B 点开始，进刀 Δd 的深度至 C，然后切削，碰到给定零件轮廓后，沿 45°方向退出，当 Z 轴方向的退刀量等于给定量 e 时，沿竖直方向退出至 X 轴方向坐标与 B 相等的位置，然后再进刀

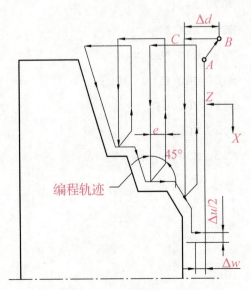

图 2-15 G72 端面粗车复合循环

切削第二刀……如此循环，加工到最后一刀时，刀具沿着留精车余量后的轮廓切削至终点，最后返回到起始点A。

②与G71相同，G72循环中，F指定的速度是指切削的速度，其他过程如进刀、退刀、返回等的速度均为快速进给的速度。

③在顺序号 ns~nf 的程序段中，可以有G02/G03指令，但不能有子程序。

④ns与nf之间的程序段中设定的F、S功能在粗车时无效。

【实例2-4】G72复合循环车削编程实例

1. 实例描述

加工工件如图2-16所示，试用G72复合循环车削该零件。

数控车（G72）实例

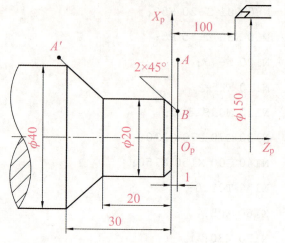

图2-16 端面粗车循环实例

2. 编写程序

程序如下：

```
O0012;
N010 G54 M03 S1000 T0101;
N010 G00 X150 Z100;
N020 G00 X42 Z1;
N030 G72 W1 R1;
N040 G72 P50 Q80 U0.2 W0.1 F100;
N050 G00 Z-31;
N055 G01 X42 F50;
N060 G01 X20 Z-20;
N070 Z-2;
N080 X14 Z1;
N090 G70 P50 Q80;
N100 G00 X150 Z100;
N110 T0000;
N120 M05;
N130 M30;
```

 **2.3 任务实施**

一、工艺过程

①粗车外轮廓。
②精车外轮廓。
③切断。

二、刀具与工艺参数

数控加工刀具卡、数控加工工序卡分别如表2-3、表2-4所示。

表2-3 数控加工刀具卡

项目任务			零件名称		零件图号	
序号	刀具号	刀具名称及规格	刀尖半径/mm	数量	加工表面	备注
1	T0101	粗精右偏外圆刀	0	1把	外表面、端面	
2	T0202	切断刀（刀位点为左刀尖）	刀宽4	1把	切槽、切断	

表2-4 数控加工工序卡

材料	45钢	零件图号		系统	FANUC	工序号	
操作序号	工步内容（走刀路线）	G功能	T刀具	切削用量			
				主轴转速 n /(r·min^{-1})	进给率 F /(mm·r^{-1})	背吃刀量 a_p /mm	
程序	夹住棒料一头,留出长度大约100 mm（手动操作），调用程序O0001						
1	自右向左粗车端面、外圆表面	G71	T0101	600	0.3	2	
2	自右向左精车端面、外圆表面	G70	T0101	800	0.1	0.2	
3	切断左侧倒角，保证总长	G01	T0202	300	0.1		
4	检测、校核						

三、装夹方案

用三爪自定心卡盘夹紧定位。

四、程序编制

程序如下:

```
O0001;
N010 G99 T0101;                        设定进给率单位mm/r,调用1号刀1号刀补,建立工件坐标系
N020 G00 X100 Z100;                    设置换刀点
N030 M03 S600;                         启动主轴正转600 r/min
N040 G00 X40 Z5;
N050 G71 U1 R1;                        复合循环指令粗加工
N060 G71 P70 Q140 U0.4 W0.2 F0.3;      复合循环指令粗加工
N070 G00 X20;                          精加工轮廓X轴起点
N080 G01 Z2 F0.1;                      精加工轮廓Z轴起点
N090 X24 Z-2;
N100 Z-15;
N110 X28;
N120 X36 Z-33;
N130 Z-45;
N140 X39;                              精加工轮廓终点
N150 M03 S800;                         升速
N160 G70 P70 Q140;                     精加工循环
N170 G00 X100 Z100;
N180 T0100;                            取消1号刀补
N190 T0202;                            调用2号刀,建立刀补
N200 G00 X45 Z-44;                     定位
N210 M03 S300;                         降速
N220 X32 F0.1;                         切至直径32 mm处
N230 X38 F0.3;                         退刀至直径38 mm处
N240 Z-41;                             Z轴移至Z-41处
N250 X32 Z-44 F0.1;                    零件左侧倒角
N260 X1 F0.1;                          切至直径1 mm处,保证长度40 mm
N270 X45 F0.3;                         退刀直径45 mm处
N280 G00 X100 Z100;                    返回换刀点
```

N290 T0200;	取消2号刀补	
N300 M05;	主轴停	
N310 M30;	程序结束返回	

五、对刀

试切对刀，对刀坐标系存储在 G54 中。

六、加工

利用仿真系统的程序完成自动校验、模拟加工及检测功能。

2.4 任务评价

1. 个人知识和技能评价

个人知识和技能评价表如表 2-5 所示。

表 2-5 个人知识和技能评价表

评价项目	任务评价内容	分值	自我评价	小组评价	教师评价	得分
项目理论知识	①编程格式及走刀路线	5				
	②基础知识融会贯通	10				
	③零件图纸分析	10				
	④制订加工工艺	10				
	⑤加工技术文件的编制	5				
项目仿真加工技能	①程序的输入	10				
	②图形模拟	10				
	③刀具、毛坯的选择及对刀	10				
	④仿真加工工件	5				
	⑤尺寸等的精度仿真检验	5				
职业素质培养	①出勤情况	5				
	②纪律	5				
	③团队协作精神	10				
合计总分		100				

2. 小组学习实例评价

小组学习实例评价表如表 2-6 所示。

表 2-6 小组学习实例评价表

班级：　　　　　　　　小组编号：　　　　　　　　成绩：

评价项目	评价内容及评价分值			学员自评	同学互评	教师评分
分工合作	优秀（12~15 分） 小组成员分工明确，任务分配合理，有小组分工职责明细表	良好（9~11 分） 小组成员分工较明确，任务分配较合理，有小组分工职责明细表	继续努力（9 分以下） 小组成员分工不明确，任务分配不合理，无小组分工职责明细表			
获取与项目有关质量、市场、环保等内容的信息	优秀（12~15 分） 能使用适当的搜索引擎从网络等多种渠道获取信息，并合理地选择信息、使用信息	良好（9~11 分） 能从网络获取信息，并较合理地选择信息、使用信息	继续努力（9 分以下） 能从网络或其他渠道获取信息，但信息选择不正确，信息使用不恰当			
数控仿真加工技能操作情况	优秀（16~20 分） 能按技能目标要求规范完成每项实操任务，能正确分析机床可能出现的报警信息，并对显示故障能迅速排除	良好（12~15 分） 能按技能目标要求规范完成每项实操任务，但仅能部分正确分析机床可能出现的报警信息，并对显示故障能迅速排除	继续努力（12 分以下） 能按技能目标要求完成每项实操任务，但规范性不够。不能正确分析机床可能出现的报警信息，不能迅速排除显示故障			
基本知识分析讨论	优秀（16~20 分） 讨论热烈，各抒己见，概念准确，原理思路清晰，理解透彻，逻辑性强，并有自己的见解	良好（12~15 分） 讨论没有间断，各抒己见，分析有理有据，思路基本清晰	继续努力（12 分以下） 讨论能够展开，分析有间断，思路不清晰，理解不够透彻			
成果展示	优秀（24~30 分） 能很好地理解项目的任务要求，成果展示逻辑性强，能熟练利用信息平台进行成果展示	良好（18~23 分） 能较好地理解项目的任务要求，成果展示逻辑性强，能较熟练利用信息平台进行成果展示	继续努力（18 分以下） 基本理解项目的任务要求，成果展示停留在书面和口头表达，不能熟练利用信息平台进行成果展示			
合计总分						

2.5 职业技能鉴定指导

1. 知识技能复习要点

（1）能读懂中等复杂程度的零件图。

（2）能编制简单零件的数控车床加工工艺文件。

（3）掌握数控车床常用夹具的使用方法。

（4）根据数控车床加工工艺文件选择、安装和调整数控车床常用刀具。

（5）能编制由直线组成的外圆、台阶、倒角、槽类等二维轮廓数控加工程序。

（6）掌握计算机绘图软件（二维）的使用方法。

（7）掌握刀具偏置补偿、刀尖半径补偿与刀具参数的输入方法。

（8）能够对程序进行校验、单步执行、空运行并完成零件的仿真试切。

（9）掌握数控加工程序的输入、编辑方法。

（10）能应用仿真软件调试程序。

2. 理论复习（模拟试题）

（1）道德通过（　　）对一个人的品行产生极大的作用。
A. 个人的影响　　　　B. 国家强制执行　　　　C. 社会舆论　　　　D. 国家政策

（2）环境保护法的基本原则不包括（　　）。
A. 环保和社会经济协调发展　　　　B. 防治结合，综合治理
C. 依靠群众环境保护　　　　D. 开发者对环境质量负责

（3）下极限尺寸与公称尺寸的代数差称为（　　）。
A. 误差　　　　B. 上偏差　　　　C. 下偏差　　　　D. 公差带

（4）用杠杆千分尺测量工件时，测杆轴线与工件表面夹角 $\alpha = 30°$，测量读数为 0.036 mm，其正确测量值为（　　）mm。
A. 0.025　　　　B. 0.031　　　　C. 0.045　　　　D. 0.047

（5）三相异步电动机的过载系数 λ 一般为（　　）。
A. 1.1~1.25　　　　B. 0.8~1.3　　　　C. 1.8~2.5　　　　D. 0.5~2.5

（6）辅助功能中表示无条件程序暂停的指令是（　　）。
A. M00　　　　B. M01　　　　C. M02　　　　D. M30

（7）要执行程序段跳过功能，须在该程序段前输入（　　）标记。
A. /　　　　B. \　　　　C. +　　　　D. -

（8）FANUC 系统车削一段起点坐标为（X40，Z-20）、终点坐标为（X40，Z-80）的圆柱面，正确的程序段是（　　）。

A. G01 X40 Z-80 F0.1　　　　　　　B. G01 U40 Z-80 F0.1

C. G01 X40 W-80 F0.1　　　　　　　D. G01 U40 W-80 F0.1

（9）在固定循环 G90、G94 切削过程中，M、S、T 功能可改变。（　）

（10）程序原点的偏移值可以经操作面板输入到控制器中。（　）

3. 技能实训（真题）

（1）任务描述：用基本编程指令编写图 2-17 所示简单零件的加工程序，材料为 45 钢。

（2）任务描述：用复合循环指令编写图 2-18 所示锥度轴的粗精加工程序。

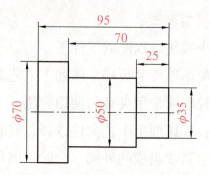

图 2-17　简单零件编程练习

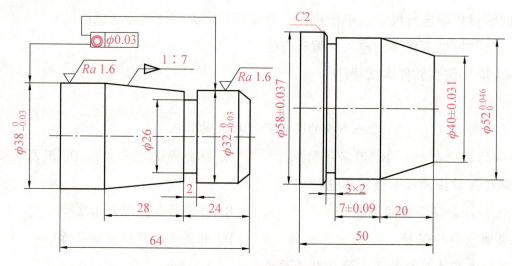

图 2-18　锥度轴编程练习

任务 3

车削加工外圆弧类表面

知识目标

1. 掌握成形面加工工艺知识（职业技能鉴定点）
2. 会分析车削加工质量要求（职业技能鉴定点）
3. 熟练掌握成形面加工常用编程指令（G02、G03、G73、子程序、G41、G42）（职业技能鉴定点）
4. 熟悉数控车削加工仿真操作步骤

技能目标

1. 设计成形面加工工艺（职业技能鉴定点）
2. 评价和分析零件（职业技能鉴定点）
3. 能编制和调试外成形面加工程序（职业技能鉴定点）
4. 能在仿真软件上模拟加工出外圆弧类零件

素养目标

1. 培养学生踏实肯干、勇于创新的工作态度
2. 培养学生一定的综合分析、解决问题的能力
3. 培养学生勤于思考、创新开拓、勇于探索的良好作风

3.1 任务描述——加工手柄

完成图 3-1 所示的球头手柄的车削加工，毛坯为 φ25 mm 棒料，材料为 45 钢。

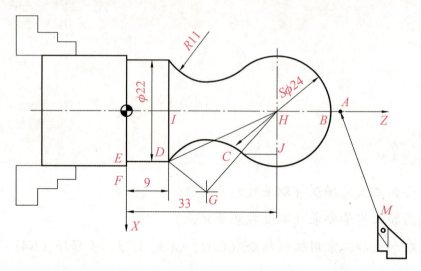

图 3-1 球头手柄的车削加工

3.2 相关知识

一、外圆弧加工的工艺知识

在加工球面时要选择副偏角大的刀具，以免刀具的后刀面与工件产生干涉，车刀副偏角的干涉影响如图 3-2 所示。

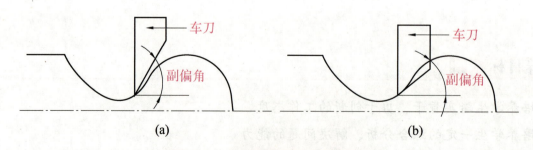

图 3-2 车刀副偏角的干涉影响
（a）副偏角大，不产生干涉；（b）副偏角小，产生干涉

二、基本编程指令

1. G02/G03——圆弧插补

半径编程格式：G02/G03 X（U）_Z（W）_R_F_；

圆心坐标编程格式：G02/G03 X（U）_Z（W）_I_K_ F_；

式中，X（U）、Z（W）——圆弧终点的坐标值，当增量值编程时，坐标为圆弧终点相对圆弧起点的坐标增量；

I、K——圆心相对于圆弧起点的坐标增量，I 为 X 轴方向的增量，K 为 Z 轴方向的增量；

R——圆弧半径；

F——进给速度或进给量。

各平面内圆弧情况 XY 平面圆弧

各平面内圆弧情况 YZ 平面圆弧

各平面内圆弧情况 ZX 平面圆弧

圆弧插补应用

> **特别提示**

①G02 为顺时针方向的圆弧插补，G03 为逆时针方向的圆弧插补。

一般来说，数控车床的圆弧，都是 XOZ 坐标面内的圆弧。判断其是顺时针方向的圆弧插补还是逆时针方向的圆弧插补，应从与该坐标平面构成的笛卡尔坐标系的第三轴（Y 轴）的正方向沿负方向看，如果圆弧起点到终点为顺时针方向，那么在这样的圆弧加工时用 G02 指令；反之，如果圆弧起点到终点为逆时针方向，则用 G03 指令。图 3-3（a）为前刀座数控车床中的圆弧插补，图 3-3（b）为后刀座数控车床中的圆弧插补。

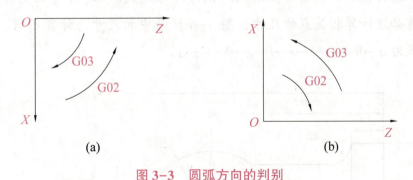

图 3-3 圆弧方向的判别

（a）前刀座数控车床中的圆弧插补；（b）后刀座数控车床中的圆弧插补

②圆弧编程的两种方式。

a. 半径编程。用半径编程时，用 R 来表示圆弧半径，在编程过程中不需要计算太多，所以经常用这种方法。R 后面的数值有正负之分，以区别圆心位置。半径编程如图 3-4 所示，当圆弧所对的圆心角 α≤180°时，R 后面的数值取正值，反之 R 后面的数值取负值。图中从 A 点到 B 点的圆弧有两段，它们的半径相同。若需要表示的圆心位置在 O_1 时，R 后面的数值取正值；若需要表示的圆心位置在 O_2 时，R 后面的数值取负值。

b. 圆心坐标编程。用圆心坐标编程时，用 I 和 K 来表示圆心位置，是指圆心相对于圆弧起点的坐标增量，这两个值始终这样计算，与绝对编程和增量编程无关。其中，I 值与 X 值方向一样，K 值与 Z 值方向一样。圆心坐标编程如图 3-5 所示。

整圆的加工编程只能用圆心坐标编程法。

③F 指的是沿圆弧加工的切线方向的进给速度或进给量。

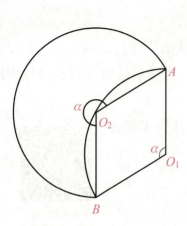

图 3-4 半径编程

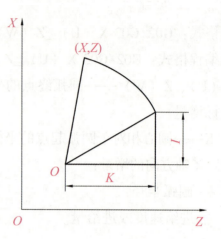

图 3-5 圆心坐标编程

【实例 3-1】圆弧加工编程实例

1. 实例描述

加工工件如图 3-6 所示，要求编制一个精车外圆、圆弧面、切断的程序，精加工余量 0.5 mm，假设工件足够夹紧，刀具换刀点在 a（100，150）处。

2. 实例分析

该零件只需要进行精加工和切断，因此两把刀即可完成加工，1 号刀为精车刀，2 号刀为切断刀。车削之前必须计算相关点的尺寸，图 3-6 括号中的尺寸为计算所得，计算过程从略。精车时，走刀路线为 a→b→c→d→e→f→g→h→i→a。

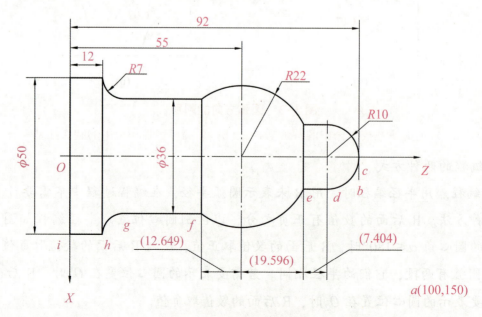

图 3-6 圆弧加工实例

3. 编写程序

程序如下：

```
O1002;
N10 G54 M03 S1500;              设定坐标系,启动主轴
N20 G00 X100 Z100;              设置换刀点
N30 T0101 M08;                  建立刀具补偿,开冷却液
N40 G00 X20 Z92;                进刀至b
N50 G01 X0 F50;                 慢速进刀至圆弧起点,b→c
N60 G03 X20 Z82 R10 F30;        加工圆弧 R10,c→d
N70 G01 W-7.404;                加工 20 圆柱段,d→e
N80 G03 X36 Z42.351 R22;        加工 R22 圆弧,e→f
(或 I-20 K-19.596);
N90 G01 Z17;                    加工 36 圆柱段,f→g
N100 G02 X50 Z10 R7;            加工 R7 圆弧,g→h
N110 G01 Z0;                    加工 50 圆柱段,h→i
N120 G00 X55;                   横向退刀至 X55
N130 X100 Z150 M05;             返回换刀位置,停主轴
N140 T0202;                     换 2 号刀
N150 M03 S100;                  启动主轴
N160 G00 X52 Z-5;               进刀至切断位置
N170 G01 X0 F20;                切断
N180 G00 X100 Z150;             返回
N190 T0100;                     换 1 号刀,取消刀具补偿
N200 M05;                       主轴停
N210 M30;                       程序结束返回
```

2. G73——平行轮廓封闭粗车复合循环

封闭切削循环是一种复合固定循环，如图 3-7 所示。封闭切削循环适用于对铸、锻毛坯的切削，而对零件轮廓的单调性则没有要求。

平行轮廓封闭粗车复合循环（G73）

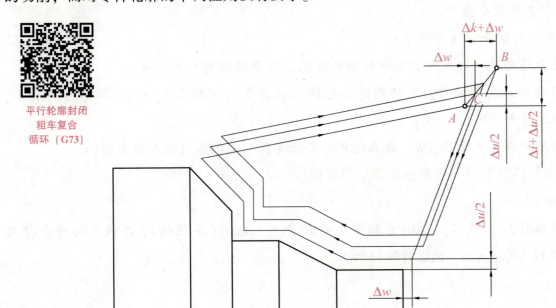

图 3-7　G73 封闭粗车复合循环

编程格式：G73 U （Δi） W （Δk） R （d）；
　　　　　G73 P （ns） Q （nf） U （Δu） W （Δw） F （f） S （n） T （t）；

式中，Δi——X 轴方向总切除量（半径值）；

　　　Δk——Z 轴方向总切除量；

　　　d——粗车循环次数；

　　　ns——精加工轮廓程序段中开始程序段序号；

　　　nf——精加工轮廓程序段中结束程序段序号；

　　　Δu——X 轴方向精加工余量（直径值）；

　　　Δw——Z 轴方向精加工余量。

> **特别提示**

①与 G71 和 G72 不同，G73 的循环过程如图 3-7 所示，它每次加工都是按照相同的形状轨迹进行走刀的，只不过在 X、Z 轴方向进了一个量，这个量等于总切削量除以粗加工循环次数。循环起点在 A 点，当循环开始时，从 A 点向 B 点退一定距离，X 轴方向为 Δi +Δu/2，Z 轴方向为 Δk +Δw，然后从 B 点进刀切削，按图中所示箭头的过程进行循环加工，直到达到留余量后的轮廓轨迹为止。

②习惯上，为了使 X 向、Z 向切除量一致，常取 Δi =Δk。由于粗车次数是预先设定的，因此，每次的背吃刀量是相等的。

③由于加工的毛坯一般为圆柱体，因此，Δi 的取值一般以工件去除量最大的地方为基准，经验参数取值如下：

$$\Delta i = \frac{d_{毛坯} - d_{最小}}{2} - k$$

式中，$d_{毛坯}$——毛坯直径；

　　　$d_{最小}$——工件最小直径；

　　　k——第一刀切除量（半径值）。

另外，此式还要结合起刀点 Z 坐标的偏离情况，Δi 取值还可以大大减小。

④从 G73 的加工过程来看，其特别适合毛坯已经具备所要加工工件形状的零件的加工，如铸造件、锻造件等。

⑤两个程序段都有地址 U、W，故在使用时要注意区别它们各自代表的含义。

【实例 3-2】 G73 封闭粗车复合循环编程实例

1. 实例描述

加工工件如图 3-8 所示，已知 X 轴方向的余量为 6 mm（半径值），Z 轴方向的余量为 4 mm，刀尖半径为 0.4 mm，试进行编程加工。

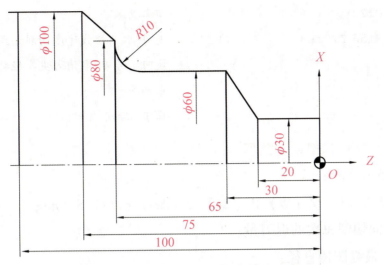

图 3-8　G73 封闭粗车复合循环实例

2. 实例分析

铸造件适合用 G73 指令加工，余量为 6 mm，分 3 次加工。在车削时要使用刀尖半径补偿，留精车余量 X = 0.2 mm，Z = 0.1 mm。用两把刀，1 号刀为粗车刀，2 号刀为精车刀。

3. 编写程序

程序如下：

O0102;	
N05 G54 T0100;	建立工件坐标系,选用 1 号刀
N10 G00 X150 Z100;	设置换刀点
N20 M03 S1500;	启动主轴正转
N30 G00 X110 Z10;	进刀至循环起始点
N40 G73 U15 W15 R8;	粗车循环
N50 G73 P60 Q120 U0.2 W0.1 F100;	粗车循环,余量 X=0.2 mm, Z=0.1 mm
N60 G00 X30 Z2;	精加工轮廓起点
N70 G01 G42 Z-20 F30;	车削 30,建立刀尖半径补偿
N80 X60 Z-30;	车削锥度
N90 Z-55;	车削 60
N100 G02 X80 Z-65 R10;	车圆弧 R10
N110 G01 X100 Z-75;	车锥度
N120 G40 G01 X105;	取消刀尖半径补偿/精加工轮廓终点
N130 G00 X150 Z250 M05;	返回,停主轴
N140 T0202;	换 2 号刀
N150 G50 S2000;	主轴最高转速限制
N160 G96 M03 S500;	恒线速度切削,主轴启动
N170 G00 X112 Z6;	定位到精车起点

```
N180 G70 P60 Q120;              精车循环
N190 G00 G97 X150 Z100;          退刀,取消恒线速度切削方式
N200 T0100;                      换回1号刀,取消刀尖半径补偿
N210 M05;                        主轴停
N220 M30;                        程序结束并返回
```

3. G75——内（外）沟槽切削循环

编程格式：G75 R（e）；

G75 X（U） Z（W） P（Δu） Q（Δw） F（f） S（n）；

式中，e——X 轴方向切削每次的退刀量；

    X（U）——最终凹槽直径；

    Z（W）——最后一个凹槽的 Z 轴方向位置；

    Δu——X 轴方向每次切深（无符号），单位为 μm；

    Δw——各槽之间的距离（无符号），单位为 μm；

    f——进给速度；

    n——主轴转速。

切槽加工（G75）

特别提示

①G75 沿着 X 轴方向切削，G75 沟槽切削循环过程如图 3-9 所示，刀具定位在 A 点，沿 Z 轴方向进行加工，每次加工 Δu 后，退 e 的距离，然后再加工 Δu，依次循环至 Z 轴方向坐标给定的值，返回 A 点，再向 X 轴方向进 Δu，重复以上动作至 Z 轴方向坐标给定的值，最后加工至给定坐标位置（图中 C 点），再分别沿 Z 轴方向和 X 轴方向返回 A 点。

②使用 G75 指令既可加工单个槽（通过设置 Δw 的参数加工大于刀宽的槽），也可加工多个槽（槽宽与刀宽等值，槽间距及槽底尺寸相等），只需要在编程时注意设置相关参数即可。

【实例 3-3】G75 沟槽切削循环编程实例

1. 实例描述

加工工件如图 3-10 所示，分别编程加工图 3-10（a）、图 3-10（b）的槽。

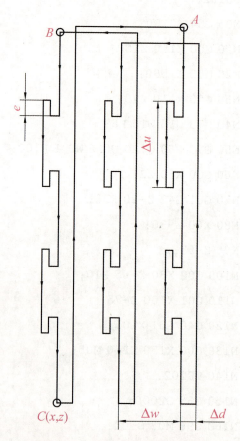

图 3-9 G75 沟槽切削循环

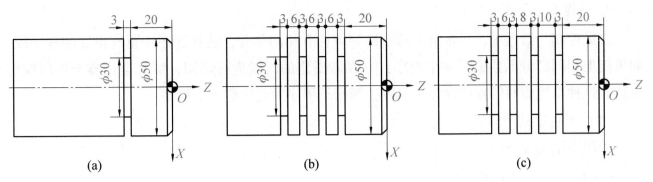

图3-10 G75沟槽切削循环实例

(a) 单槽零件；(b) 多槽零件；(c) 沟槽间距不等

2. 编写程序

设切槽刀宽3 mm。

单槽零件程序如下：

O0012;	
N10 G54 M03 S1000;	建立坐标系，启动主轴
N20 G00 X100 Z100;	设置换刀点
N30 T0101;	选用1号刀，建立刀具补偿
N40 G00 X55 Z-23;	进刀至槽加工的起始点
N50 G75 R2;	槽循环参数设置
N60 G75 X30 Z-23 P2000 Q1000 F50;	槽循环参数设置(有系统要求时，Q需给出一定数值)
N70 G00 X100 Z100;	返回
N80 T0000;	取消刀具补偿
N90 M05;	主轴停
N80 M30;	程序结束并返回

多槽零件程序如下：

O0012;	
N10 G54 T0100 M03 S500;	建立坐标系，选用1号刀，启动主轴
N20 G00 X100 Z100;	设置换刀点
N30 T0101;	建立刀具补偿
N40 G00 X52 Z-23;	进刀至槽加工的起始点
N50 G75 R2;	槽循环参数设置
N60 G75 X30 Z-50 P2000 Q9000 F50;	槽循环参数设置
N70 G00 X100 Z100;	返回
N80 T0000;	取消刀具补偿
N90 M05;	主轴停
N100 M30;	程序结束并返回

4. 子程序

在数控编程过程中，通常会遇到零件的结构有相同部分，这样程序中也有重复的程序段。如果能把相同部分单独编写一个程序，并在需要用的时候进行调用，那么会让整个程序变得简洁。这种单独编写的程序称为子程序，调用子程序的程序称为主程序。

（1）子程序的结构。

子程序结构如下：

O0010　　　　　子程序名
  ⋮　　　　　　子程序内容
M99;　　　　　 子程序结束

子程序与主程序相似，由子程序名、子程序内容和子程序结束指令组成。一个子程序也可以调用下一级的子程序。子程序必须在主程序结束指令后建立，其作用相当于一个固定循环。

（2）子程序常用的调用格式。

① M98 P××××××××;

其中，P后边的数字有8位，前4位为调用次数（调用1次时可省略，数值之前的0可省略），后4位为子程序号。如调用O1002子程序7次可用 M98 P71002 表示。

② M98 P×××× L×;

其中，P后边的数字为子程序编号，L为调用次数（L1可省略，最多可为9999次）。如 M98 P1002 L7 表示调用 O1002 子程序7次。

说明：①当子程序最后的程序段只用 M99 时，代表子程序结束，返回到调用程序段后面的一个程序段；当一个程序段号在 M99 后由 P 指定时，系统执行完子程序后，将返回到由 P 指定的那个程序段号上；如果在主程序中执行到 M99 指令，则系统返回到主程序起点重新运行程序。

②子程序调用指令（M98 P）可以与运动指令在同一个程序段中使用。如：G00　X100　M98　P1200。

（3）子程序嵌套。

当主程序调用子程序时，它被认为是一级子程序。子程序调用下一级子程序称为嵌套，上一级子程序与下一级子程序的关系，与主程序与第一层子程序的关系相同。子程序调用可以镶嵌4级，调用指令可以重复地调用子程序，最多可调用999次。

在图3-10（b）中，零件共有4个相同的槽，故可以用子程序来加工。当然，用G75指令完成4个槽的加工也很容易，但用G75指令加工槽时，每个沟槽的间距要相等，如果不相等用G75指令就很困难。

【实例 3-4】 沟槽加工编程实例

1. 实例描述

加工工件如图 3-10（c）所示，沟槽间距从左到右分别为 6 mm、8 mm、10 mm，用子程序进行编程。

2. 编写程序

沟槽相间的情况：每个沟槽深度是一样的，因此沟槽加工用子程序 G75 指令完成即可，设刀宽为 3 mm，程序如下。

主程序：

```
O0018;
N10 G54 T0101;              设定坐标系,选1号刀及刀具补偿
N20 G00 X100 Z50;           设置换刀点
N30 M03 S500;               启动主轴
N40 G00 X55 Z-23;           定位到第1槽加工的起始点
N50 M98 P0008;              调用子程序加工
N60 G00 X55 Z-36;           定位到第2槽加工的起始点
N70 M98 P0008;              调用子程序加工
N80 G00 X55 Z-47;           定位到第3槽加工的起始点
N90 M98 P0008;              调用子程序加工
N100 G00 X55 Z-56;          定位到第4槽加工的起始点
N110 M98 P0008;             调用子程序加工1次
N120 G00 X100 Z50 T0000;    返回,取消刀具补偿
N130 M05;                   主轴停
N140 M30;                   程序结束并返回
```

子程序：

```
O0008;
N10 G75 R2;                 槽循环参数设置
N20 G75 X30 W0 P2000 Q1000 F50;   槽循环参数设置
N30 M99;                    子程序结束
```

5. 刀尖半径补偿

（1）刀尖半径补偿原因。

编程时，通常都将车刀刀尖作为一个点来考虑，但实际上刀尖处存在圆角，假想的刀尖如图 3-11 所示。当用按理论刀尖点编出的程序进行端面、外径、内径等与轴线平行或垂直的表面加工时，是不会产生误差的。但在进行倒角、锥面及圆弧切削时，则会产生少切或过切现象，如图 3-12 所示。具有刀尖圆弧自动补偿功能的数控系统能根据刀尖圆弧半径计算出补偿量，从而避免少切或过切现象的产生。

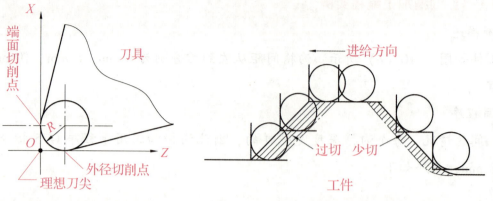

图 3-11 假想的刀尖　　图 3-12 刀尖圆弧造成少切或过切

为了避免少切或过切现象的发生，在数控车床的数控系统中引入刀尖半径补偿。所谓刀尖半径补偿是指事先将刀尖半径值输入到数控系统中，并在编程时指明所需要的半径补偿方式。数控系统在刀具运动过程中，根据操作人员输入的半径值及加工过程中所需要的补偿，进行刀具运动轨迹的修正，使之加工出所需要的轮廓。

这样，数控编程人员在编程时，可按轮廓形状进行编程，不需要计算刀尖圆弧对加工的影响，提高了编程效率，减少了编程出错的概率。

（2）G40、G41、G42——刀尖半径补偿。

G40——取消刀尖半径补偿。

G41——刀尖半径左补偿。

G42——刀尖半径右补偿。

G40、G41、G42 为刀尖半径补偿指令，编程时，用刀尖半径左补偿还是刀尖半径右补偿的判断方法是将工件与刀尖置于数控机床坐标系平面内，同时观察者站在与坐标平面垂直的第三个坐标的正方向位置，顺着刀尖运动方向看。如果刀具位于工件的左侧，则用刀尖半径左补偿，即 G41；如果刀具位于工件的右侧，则用刀尖半径右补偿，即 G42。刀尖半径补偿如图 3-13 所示。

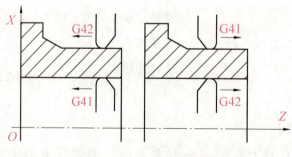

图 3-13 刀尖半径补偿

（3）刀尖半径补偿的建立与取消。

刀尖半径补偿的过程分为 3 步：第 1 步为建立刀尖半径补偿，在加工开始的第一个程序段之前，一般用 G00、G01 指令进行补偿，如图 3-14 所示；第 2 步为刀尖半径补偿的进行，执行 G41 或 G42 指令后的程序，按照刀具中心轨迹与编程轨迹相距一个偏置量来进行运动；第 3 步为取消刀尖半径补偿，在本刀具加工结束后，用 G40 指令取消刀尖半径补偿。

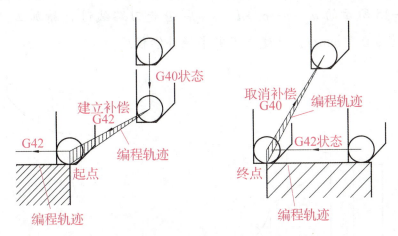

图 3-14 刀尖半径补偿的建立与取消

特别提示

①G41、G42 为模态指令。

②G41、G42 必须与 G40 成对使用。

③建立或取消刀尖半径补偿的程序段，用 G01/G00 功能及对应坐标参数进行编程。

④G41、G42 与 G40 之间的程序段不得出现任何转移加工，如镜像、子程序加工等。

（4）刀尖半径的输入。

数控车床刀尖半径与刀具位置补偿放在同一个补偿号中，由数控车床的操作人员输入到数控系统中，这些补偿统称为刀具参数偏置量。同一把刀具的位置补偿和半径补偿应该存放在同一补偿号中，数控车床刀具偏置量参数位置如表 3-1 所示。

表 3-1 数控车床刀具偏置量参数设置

OFFSET		O0004		N0050
NO.	XAXIS	ZAXIS	RADIUS	TIP
1				
2				
3	0.524	4.387	0.4	3
4				
5				
6				
7				

表 3-1 中，NO. 对应的为刀具补偿号，XAXIS、ZAXIS 为刀具位置补偿值，RADIUS 为刀尖半径值，TIP 为刀具位置号。

【实例 3-5】 刀尖半径补偿编程实例

1. 实例描述

刀具按如图 3-15 所示的 a→b→c→d→e→f→g 走刀路线进行精加工,要求切削速度为 180 m/min,进给量为 0.1 mm/r,试建立刀尖半径补偿程序。

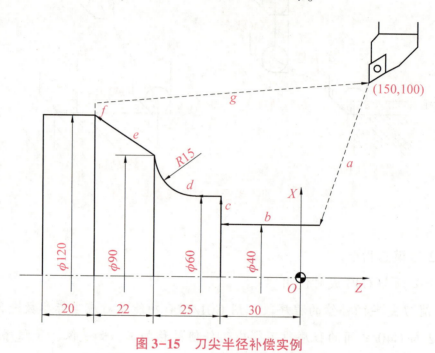

图 3-15 刀尖半径补偿实例

2. 编写程序

程序如下:

```
O0016;
N010 G54 T0303 G99;                建立工件坐标系,选3号刀及刀补,设定每转进给量
N020 G00 X150 Z100;                设置换刀点
N030 G50 S2000;                    主轴最高转速限制
N040 G96 S180;                     采用恒线速度切削
N050 G00 G42 X40 Z2 M08;           a 建立刀尖半径补偿,打开切削液
N060 G01 Z-30 F0.1;                b 建立刀尖半径补偿,打开切削液
N070 X60;                          c 建立刀尖半径补偿,打开切削液
N080 Z-40;                         d 建立刀尖半径补偿,打开切削液
N090 G02 X90 Z-55 R15;             d 建立刀尖半径补偿,打开切削液
N100 G01 X120 W-22;                e 建立刀尖半径补偿,打开切削液
N110 X122;                         g 建立刀尖半径补偿,打开切削液
N120 G97 S1000                     恒线速度取消,设定新转速
N130 G40G00X150Z100M09;            取消刀尖半径补偿,返回换刀点,关闭切削液
N140 M05;                          主轴停
N150 M30;                          程序结束并返回
```

3.3 任务实施

一、工艺过程

①车端面。
②自右向左粗车外表面。
③自右向左精车外表面。
④切断。

二、刀具与工艺参数

数控加工刀具卡、数控加工工序卡如表 3-2、表 3-3 所示。

表 3-2 数控加工刀具卡

项目任务			零件名称		零件图号	
序号	刀具号	刀具名称及规格	刀尖半径/mm	数量	加工表面	备注
1	T0101	93°粗精右偏外圆刀	0.4	1 把	外表面、端面	刀尖角 35°
2	T0202	切断刀（刀位点为左刀尖）	刀宽 4	1 把	切槽、切断	

表 3-3 数控加工工序卡

材料	45 钢	零件图号		系统	FANUC	工序号	
操作序号	工步内容（走刀路线）	G 功能	T 刀具	切削用量			
				主轴转速 n /(r·min^{-1})	进给率 F /(mm·r^{-1})	背吃刀量 a_p /mm	
程序	夹住棒料一头,留出长度大约 60 mm（手动操作），调用程序 O0001						
1	自右向左粗车端面、外圆表面	G73	T0101	600	80	2	
2	自右向左精车端面、外圆表面	G70	T0101	800	40	0.2	
3	切断	G01	T0202	300	20		
4	检测、校核						

三、装夹方案

用三爪自定心卡盘夹紧定位。

四、程序编制

程序如下：

```
O0001;
N10 G54G40G00X100Z100T0101;    建立工件坐标系/取消刀补/设置换刀点/调用1号刀及刀补
N20 M03 S600;                   主轴正转600 r/min
N30 G00 X30 Z10;
N40 X26 Z0;                     快速定位至X26 Z0点,循环起点
N50 G73 U10 W5 R5;              G73复合循环指令粗加工
N60 G73 P70 Q110 U0.4W0.2 F80;
N70 G01 X0 Z0F40 S800;          精加工轮廓起点
N80 G03 X19.17 Z-19.22 R12;
N90 G02 X22 Z-34 R11;
N100 G01 Z-38;
N110 X26;                       精加工轮廓终点
N120 G00 X100 Z100;
N130 T0100;                     取消刀补
N140 G55 T0202 S300;            建立工件坐标系/调用2号刀及刀补/降速
N150 G00 X30 Z10;
N160 Z-37;
N170 G01 X2 F20;                切断保证长度33 mm
N180 X30;
N190 G00X100Z100;
N200 T0200;                     取消刀补
N210 M05;                       主轴停
N220 M30;                       程序结束并返回
```

五、对刀

试切对刀，对刀坐标系存储在G54中。

六、加工

利用仿真系统的程序完成自动校验、模拟加工及检测功能。

3.4 任务评价

1. 个人知识和技能评价

个人知识和技能评价表如表 3-4 所示。

表 3-4 个人知识和技能评价表

评价项目	任务评价内容	分值	自我评价	小组评价	教师评价	得分
项目理论知识	①编程格式及走刀路线	5				
	②基础知识融会贯通	10				
	③零件图纸分析	10				
	④制订加工工艺	10				
	⑤加工技术文件的编制	5				
项目仿真加工技能	①程序的输入	10				
	②图形模拟	10				
	③刀具、毛坯的选择及对刀	10				
	④仿真加工工件	5				
	⑤尺寸等的精度仿真检验	5				
职业素质培养	①出勤情况	5				
	②纪律	5				
	③团队协作精神	10				
合计总分		100				

2. 小组学习实例评价

小组学习实例评价表如表 3-5 所示。

表 3-5 小组学习实例评价表

班级：　　　　　　　　小组编号：　　　　　　　　成绩：

评价项目	评价内容及评价分值			学员自评	同学互评	教师评分
分工合作	优秀（12~15分）	良好（9~11分）	继续努力（9分以下）			
	小组成员分工明确，任务分配合理，有小组分工职责明细表	小组成员分工较明确，任务分配较合理，有小组分工职责明细表	小组成员分工不明确，任务分配不合理，无小组分工职责明细表			

续表

评价项目	评价内容及评价分值			学员自评	同学互评	教师评分
获取与项目有关质量、市场、环保等内容的信息	优秀（12~15分）	良好（9~11分）	继续努力（9分以下）			
	能使用适当的搜索引擎从网络等多种渠道获取信息，并合理地选择信息、使用信息	能从网络获取信息，并较合理地选择信息、使用信息	能从网络或其他渠道获取信息，但信息选择不正确，信息使用不恰当			
数控仿真加工技能操作情况	优秀（16~20分）	良好（12~15分）	继续努力（12分以下）			
	能按技能目标要求规范完成每项实操任务，能正确分析机床可能出现的报警信息，并对显示故障能迅速排除	能按技能目标要求规范完成每项实操任务，但仅能部分正确分析机床可能出现的报警信息，并对显示故障能迅速排除	能按技能目标要求完成每项实操任务，但规范性不够。不能正确分析机床可能出现的报警信息，不能迅速排除显示故障			
基本知识分析讨论	优秀（16~20分）	良好（12~15分）	继续努力（12分以下）			
	讨论热烈，各抒己见，概念准确，原理思路清晰，理解透彻，逻辑性强，并有自己的见解	讨论没有间断，各抒己见，分析有理有据，思路基本清晰	讨论能够展开，分析有间断，思路不清晰，理解不够透彻			
成果展示	优秀（24~30分）	良好（18~23分）	继续努力（18分以下）			
	能很好地理解项目的任务要求，成果展示逻辑性强，能熟练利用信息平台进行成果展示	能较好地理解项目的任务要求，成果展示逻辑性强，能较熟练利用信息平台进行成果展示	基本理解项目的任务要求，成果展示停留在书面和口头表达，不能熟练利用信息平台进行成果展示			
合计总分						

3.5 职业技能鉴定指导

1. 知识技能复习要点

（1）能读懂中等复杂程度的零件图。

（2）能编制简单零件的数控车床加工工艺文件。

（3）掌握数控车床常用夹具的使用方法。

（4）根据数控车床加工工艺文件选择、安装和调整数控车床常用刀具。

（5）能编制由直线、圆弧组成的二维轮廓数控加工程序。

（6）掌握计算机绘图软件（二维）的使用方法。

（7）掌握刀具偏置补偿、刀尖半径补偿与刀具参数的输入方法。

（8）能够对程序进行校验、单步执行、空运行并完成零件仿真的试切。

（9）掌握数控加工程序的输入、编辑方法。

（10）能应用仿真软件调试程序完成仿真加工、检测。

2. 理论复习（模拟试题）

（1）企业诚实守信的内在要求是（　　）。

A. 维护企业信誉　　　B. 增加职工福利　　　C. 注重经济效益　　　D. 开展员工培训

（2）（　　）能够增强企业内聚力。

A. 竞争　　　　　　　B. 团结互助　　　　　C. 个人主义　　　　　D. 各尽其责

（3）3个分别为22h6、22h7、22h8的公差带，下列说法（　　）是正确的。

A. 上偏差相同且下偏差不相同　　　　　　　B. 上偏差不相同且下偏差相同

C. 上、下偏差相同　　　　　　　　　　　　D. 上、下偏差不相同

（4）机夹可转位车刀，刀片转位更换迅速、夹紧可靠、排屑方便、定位精确，因此综合考虑，采用（　　）形式的夹紧机构较为合理。

A. 螺钉上压式　　　　B. 杠杆式　　　　　　C. 偏心销式　　　　　D. 楔销式

（5）不属于主轴回转运动误差的影响因素的有（　　）。

A. 主轴的制造误差　　　　　　　　　　　　B. 主轴轴承的制造误差

C. 主轴轴承的间隙　　　　　　　　　　　　D. 工件的热变形

（6）指定恒线速度切削的指令是（　　）。

A. G97　　　　　　　B. G96　　　　　　　C. G95　　　　　　　D. G94

（7）在偏置值设置G55栏中的数值是（　　）。

A. 工件坐标系的原点相对机床坐标系原点偏移值

B. 刀具的长度偏差值

C. 工件坐标系的原点

D. 工件坐标系相对对刀点的偏移值

（8）在G71 P（ns）Q（nf）U（Δu）W（Δw）S500编程格式中，（　　）表示Z轴方向上的精加工余量。

A. Δu　　　　　　　B. Δw　　　　　　　C. ns　　　　　　　D. nf

（9）在刀尖圆弧补偿中，刀尖方向不同且刀尖方位号也不同。　　　　　　　　　（　　）

（10）切槽时，走刀量加大，不易使切刀折断。　　　　　　　　　　　　　　　（　　）

3. 技能实训（真题）

（1）任务描述：毛坯为 φ162 mm 棒料，材料为45钢，试车削成图3-16所示的外圆弧加工零件。

（2）任务描述：圆弧手柄零件如图3-17所示，建立坐标系，计算各基点的坐标，并编写该零件圆弧部分的精加工程序。

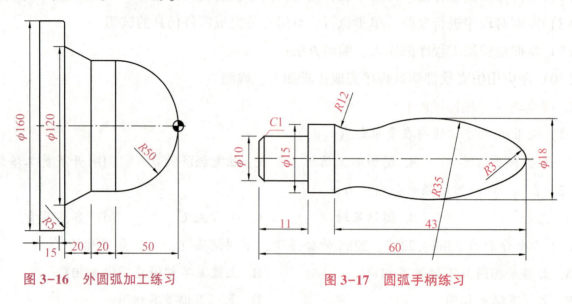

图3-16 外圆弧加工练习　　　　　图3-17 圆弧手柄练习

（3）任务描述：需加工的工件如图3-18所示，相关参数如表3-6所示。毛坯为 φ22 mm×100 mm 的铁棒，要求采用两把右偏刀分别进行粗车加工，用循环指令编写加工程序。

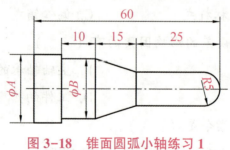

图3-18 锥面圆弧小轴练习1

表3-6 锥面圆弧小轴1相关参数

参数	1	2	3	4
φA	20.00	20.50	20.05	19.97
φB	18.00	16.75	16.00	15.60

（4）任务描述：需加工的工件如图3-19所示，相关参数如表3-7所示。毛坯为 φ42 mm×100 mm 的铁棒，要求采用两把刀分别进行粗、精车加工，用循环指令编写加工程序。

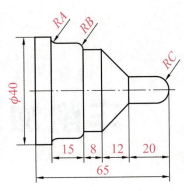

图 3-19 锥面圆弧小轴练习 2

表 3-7 锥面圆弧小轴 2 相关参数

参数	1	2	3	4
RA	2.50	2.35	2.47	2.25
RB	2.71	2.80	2.32	2.65
RC	5.00	5.30	5.10	4.90

（5）任务描述：编写图 3-20 所示零件的加工程序。

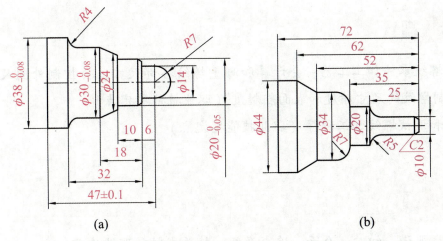

图 3-20 编程练习

任务 4

车削加工螺纹类表面

知识目标

1. 掌握螺纹零件加工工艺知识（职业技能鉴定点）
2. 熟练掌握螺纹加工常用编程指令（职业技能鉴定点）
3. 应用数控真软件车削螺纹零件

技能目标

1. 能设计螺纹零件加工工艺；会计算和测量螺纹各部尺寸；会控制外圆尺寸精度及表面粗糙度；会控制螺纹的尺寸精度和表面粗糙度（职业技能鉴定点）
2. 能编制和调试螺纹加工程序（职业技能鉴定点）

素养目标

1. 培养学生严谨、细心、全面、追求高效、精益求精的职业素质
2. 培养学生良好的道德品质、沟通协调能力和团队合作及敬业精神
3. 培养学生踏实肯干、勇于创新的工作态度

4.1 任务描述——加工螺钉

加工图 4-1 所示螺钉零件。毛坯为 φ26 mm 棒料，材料为 45 钢。

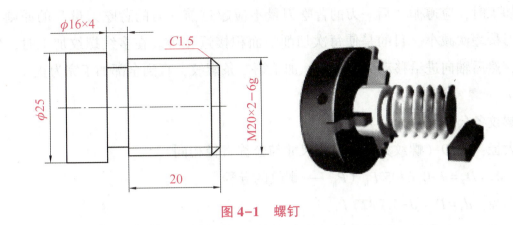

图 4-1 螺钉

4.2 相关知识

一、螺纹加工的工艺知识

1. 加工螺纹的方法

加工螺纹是数控车床的基本功能之一，加工类型包括内（外）圆柱螺纹和圆锥螺纹、单线螺纹和多线螺纹、恒螺距螺纹和变螺距螺纹。数控车床加工螺纹的指令主要有 3 种：单行程螺纹加工指令、单循环螺纹加工指令、复合循环螺纹加工指令。因为在螺纹加工时，刀具的走刀速度与主轴的转速要保持严格的关系，所以数控车床要实现螺纹加工，必须在主轴上安装测量系统。不同的数控系统，螺纹加工指令也不尽相同，在实际使用时应按机床的要求进行编程。

在数控车床上加工螺纹，有两种进刀方法：直进法和斜进法。以普通螺纹为例，螺纹加工方法如图 4-2 所示。直进法是从螺纹牙沟槽的中间部位进刀，每次切削时，螺纹车刀两侧的切削刃都会受到切削力，一般当螺距小于 3 mm 时，可用直进法加工。用斜进法加工时，从螺纹牙沟槽的一侧进刀，除第一刀外，每次切削只有一侧的切削刃会受到切削力，这有助于减轻负载。当螺距大于 3 mm 时，可用斜进法进行加工。

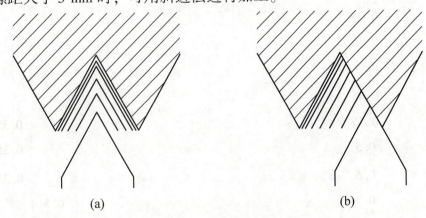

图 4-2 螺纹加工方法
（a）直进法；（b）斜进法

螺纹加工时，应遵循"后一刀的背吃刀量不应超过前一刀的背吃刀量"的原则。也就是说，背吃刀量逐次减小，目的是使每次切削的面积接近相等。在多线螺纹加工时，先加工好一条螺纹，然后轴向进给移动一个螺距，加工第二条螺纹，直到全部加工完为止。

2. 确定车螺纹前直径尺寸

普通螺纹各公称尺寸。

螺纹大径：$d=D$（螺纹大径的公称尺寸与公称直径相同）。

中径：$d_2=D_2=d-0.6495P_h$（P_h——螺纹的导程）。

螺纹小径：$d_1=D_1=d-1.0825P_h$。

螺纹加工前，需要对一些相关尺寸进行计算，以确保车削螺纹程序段中的有关参数准确。表4-1为普通螺纹直径与螺距标准组合系列（摘自GB/T 193—2003）。

车削螺纹时，车刀总的背吃刀量是螺纹的牙型高度，即螺纹牙顶到螺纹牙底间沿径向的距离。对普通螺纹来说，设单线螺距为P，由于受螺纹车刀刀尖半径的影响，并考虑到螺纹的配合使用，故在加工外螺纹时实际尺寸可按下面的经验公式。

牙型高度：$h=0.6495P$。

实际大径：$d=d_{公称}-0.20$。

实际小径：$d_1=d-2h$。

表4-1 普通螺纹直径与螺距标准组合系列（摘自GB/T 193—2003） mm

公称直径 D、d				螺距 P								
第1系列	第2系列	第3系列	粗牙				细牙					
				3	2	1.5	1.25	1	0.75	0.5	0.35	0.25	0.2
1			0.25										0.2
	1.1		0.25										0.2
1.2			0.25										0.2
		1.1	0.3										0.2
1.6			0.35										0.2
	1.8		0.35										0.2
2			0.4									0.25	
	2.2		0.45									0.25	
2.5			0.45								0.35		
3			0.5								0.35		
	3.5		0.6								0.35		
4			0.7							0.5			
	4.5		0.75							0.5			

续表

公称直径 D、d			螺距 P									
第1系列	第2系列	第3系列	粗牙	细牙								
				3	2	1.5	1.25	1	0.75	0.5	0.35	0.25	0.2
5			0.8							0.5			
		5.5								0.5			
6			1						0.75				
	7		1						0.75				
8			1.25					1	0.75				
		9	1.25					1	0.75				
10			1.5				1.25	1	0.75				
		11	1.5			1.5		1	0.75				
12			1.75				1.25	1					
	14		2			1.5	1.25	1					
		15				1.5		1					
16			2			1.5		1					
		17				1.5		1					
	18		2.5		2	1.5		1					
20			2.5		2	1.5		1					
	22		2.5		2	1.5		1					
24			3		2	1.5		1					
		25			2	1.5		1					
		26				1.5		1					
	27		3		2	1.5		1					
		28			2	1.5		1					
30			3.5	(3)	2	1.5		1					
	32				2	1.5							
		33	3.5	(3)	2	1.5							
		35				1.5							
36			4	3	2	1.5							
		38				1.5							
	39		4	3	2								

续表

公称直径 D、d			螺距 P						
第1系列	第2系列	第3系列	粗牙	细牙					
				8	6	4	3	2	1.5
12		40					3	2	1.5
			4.5			4	3	2	1.5
	45		4.5			4	3	2	1.5
18			5			4	3	2	1.5
		50				4	3	2	1.5
	52		5			4	3	2	1.5
		55				4	3	2	1.5
56			5.5			4	3	2	1.5
		58				4	3	2	1.5
	60		5.5			4	3	2	1.5
		62				4	3	2	1.5
64			6			4	3	2	1.5
		65				4	3	2	1.5
	68		6			4	3	2	1.5
		70			6	4	3	2	1.5
72					6	4	3	2	1.5
		75				4	3	2	1.5
	76				6	4	3	2	1.5
		78						2	
80					6	4	3	2	1.5
		82						2	
	85				6	4	3	2	
90					6	4	3	2	
	95				6	4	3	2	
100					6	4	3	2	
	105				6	4	3	2	
110					6	4	3	2	
	115				6	4	3	2	
	120				6	4	3	2	
125				8	6	4	3	2	
	130			8	6	4	3	2	
		135			6	4	3	2	
140				8	6	4	3	2	

3. 确定螺纹行程

在数控车床上加工螺纹时，沿着螺距方向（Z方向）的进给速度与主轴转速必须保持严格的比例关系，但是在螺纹加工时，刀具起始时的速度为零，不能和主轴转速保持一定的比例关系。在这种情况下，当螺纹刚开始切入时，必须留一段切入距离，螺纹切削的引入距离和超越距离如图4-3所示。图中的 δ_1，称为引入距离。同理，当螺纹加工结束时，必须留一段切出距离，图中的 δ_2，称为超越距离。

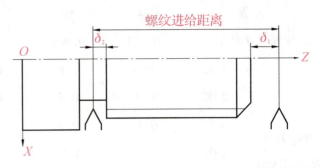

图4-3 螺纹切削时的引入距离和超越距离

引入距离 δ_1 和超越距离 δ_2 的数值与其所加工螺纹的导程、数控机床主轴转速和伺服系统的特性有关。具体的取值由实际的数控系统及数控机床来决定。

在数控车床上加工螺纹时，由于机床伺服系统本身具有滞后的特性，会在螺纹起始段和停止段发生螺距不规则现象，所以实际加工螺纹的长度 W 应包括切入和切出的空行程量，即

$$W = P_h + \delta_1 + \delta_2$$

式中，δ_1——引入距离，一般取 2~3 mm；

δ_2——超越距离，一般取 2~3 mm。

4. 背吃刀量的确定

普通螺纹背吃刀量及走刀次数参考表如表4-2所示。

表4-2 普通螺纹背吃刀量及走刀次数参考表

		米制螺纹						
螺距		1	1.5	2	2.5	3	3.5	4
牙深（半径量）		0.649	0.974	1.299	1.624	1.949	2.273	2.598
背吃刀量及走刀次数	1次	0.7	0.8	0.9	1.0	1.2	1.5	1.5
	2次	0.4	0.6	0.6	0.7	0.7	0.7	0.8
	3次	0.2	0.4	0.6	0.6	0.6	0.6	0.6
	4次		0.16	0.4	0.4	0.4	0.6	0.6
	5次			0.1	0.4	0.4	0.4	0.4
	6次				0.15	0.4	0.4	0.4
	7次					0.2	0.2	0.4
	8次						0.15	0.3
	9次							0.2

续表

英制螺纹/in							
牙数	24	18	16	14	12	10	8
牙深（半径量）	0.678	0.904	1.016	1.162	1.355	1.626	2.033
背吃刀量及走刀次数 1次	0.8	0.8	0.8	0.8	10.9	1.0	1.2
2次	0.4	0.6	0.6	0.6	0.6	0.7	0.7
3次	0.16	0.3	0.5	0.5	0.6	0.6	0.6
4次		0.11	0.14	0.3	0.4	0.4	0.5
5次				0.13	0.21	0.4	0.5
6次						0.16	0.4
7次							0.17

二、加工螺纹指令

1. G32——单行程车削螺纹

编程格式：G32 X（U）_Z（W）_Q_F_；

式中，X（U）、Z（W）——螺纹切削终点的坐标值；

Q——螺纹起始角（0°~360°），Q增量不能指定小数点，如果其为180°，则指定为Q180000；

F——螺纹导程，单位为mm/r。

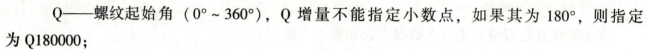

车三角外螺纹过程　　内螺纹车削过程

特别提示

①G32指令为单行程螺纹切削指令，即每使用一次，就切削一刀。

②在加工过程中，要将引入距离δ_1和超越距离δ_2编入到螺纹切削中，螺纹切削G32如图4-4所示。

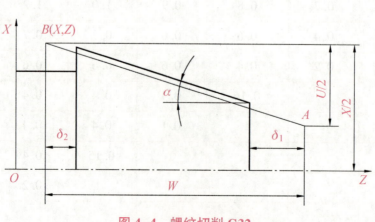

图4-4　螺纹切削G32

③ 当 X 轴坐标省略或与前一程序段相同时为圆柱螺纹，否则为锥螺纹。

④ 图 4-4 中，当锥螺纹斜角 α 小于 45°时，螺纹导程以 Z 轴方向指定；当锥螺纹斜角 α 为 45°以上至 90°时，螺纹导程以 X 轴方向指定。一般很少使用这种方式。

⑤ 螺纹切削时，为保证螺纹的加工质量，一般采用多次切削方式，其走刀次数及每一刀的切削次数可参考表 4-1。

【实例 4-1】 普通圆柱螺纹编程实例

1. 实例描述

加工图 4-5 所示的 M30×2-6g 普通圆柱螺纹，其大径已经车削完成，设螺纹牙底半径 $R=0.2$ mm，车螺纹时的主轴转速 $n=1\ 500$ r/min，用 G32 指令进行编程。

2. 螺纹计算与编写程序

螺纹计算，考虑到实际情况，其尺寸计算如下。

牙型高度：$h=0.6495$ mm $P=0.6495$ mm×2 ≈ 1.3 mm；

实际大径：$d=d_{公称}-0.2$ mm $=30$ mm -0.2 mm $=29.8$ mm；

实际小径：$d_1=d-2h=29.8$ mm $-2×1.3$ mm $=27.2$ mm；

取引入距离 $\delta_1=4$ mm，超越距离 $\delta_2=3$ mm。

设起刀点位置（100，150），螺纹刀为 1 号刀。

程序如下：

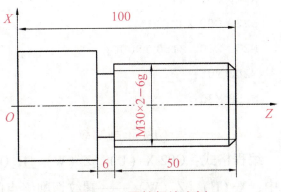

图 4-5 圆柱螺纹实例

O0080;	
N10 G54G00 X100 Z150 T0100;	建立工件坐标系，选用 1 号刀
N20 M03 S1500;	启动主轴，转速 1 500 r/min
N30 T0101;	建立刀具补偿
N40 G00 X28.9 Z104;	进刀
N50 G32 Z47 F2;	切削螺纹第 1 刀
N60 G00 X32;	退刀
N70 Z104;	返回
N80 X28.3;	进刀
N90 G32 Z47;	切削螺纹第 2 刀
N100 G00 X32;	退刀
N110 Z104;	返回
N120 X27.7;	进刀
N130 G32 Z47;	切削螺纹第 3 刀

N140 G00 X32;	退刀
N150 Z104;	返回
N160 X27.3;	进刀
N170 G32 Z47;	切削螺纹第 4 刀
N180 G00 X32;	退刀
N190 Z104;	返回
N200 X27.2;	进刀
N210 G32 Z47;	切削螺纹第 5 刀
N220 G00 X32;	退刀
N230 X100 Z150 T0000;	返回起始位置，取消刀具补偿
N240 M05;	主轴停
N250 M30;	程序结束并返回程序头

2. G92——单循环车削螺纹

编程格式：G92 X（U）_Z（W）_R_Q_F_;

式中，X（U）、Z（W）——螺纹切削终点的坐标值；

　　　R——螺纹起始点与终点的半径差，如果为圆柱螺纹，则省略此值，有的系统也用I；

　　　Q——螺纹起始角；

　　　F——螺纹导程，即加工时的每转进给量。

特别提示

①用 G92 指令加工螺纹时，循环过程如图 4-6 所示。一个指令完成 4 步动作，即"1 进刀→2 加工→3 退刀→4 返回"，除加工外，其他 3 步的速度为快速进给的速度。

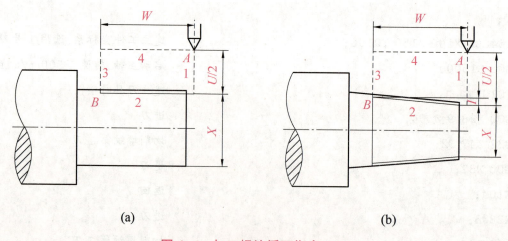

图 4-6 加工螺纹循环指令 G92

（a）G92 指令车圆柱螺纹动作顺序；（b）G92 车圆锥螺纹动作顺序

②用 G92 指令加工螺纹时的计算方法同 G32 指令。

③格式中的 X（U）、Z（W）为图中 B 点坐标。

【实例 4-2】 螺纹自动车削循环编程实例

1. 实例描述

加工工件如图 4-7 所示，毛坯尺寸为大径 φ36 mm×150 mm，编写螺纹部分的加工程序。

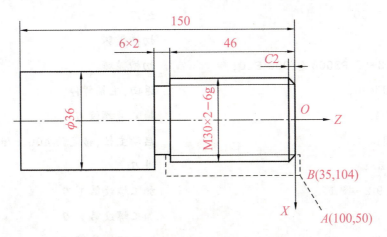

图 4-7 螺纹自动车削循环实例

2. 螺纹计算与编写程序

螺纹计算与前面 G32 指令实例一样，螺纹大径 $d=29.8$ mm，螺纹小径 $d_1=27.2$ mm，取引入距离 $\delta_1=3$ mm，超越距离 $\delta_2=2$ mm。

在螺纹加工前进行粗、精车并倒角、切槽。1 号刀为粗车刀，2 号刀为精车刀，3 号刀为切槽刀，刀宽 4 mm，4 号刀为螺纹刀。

程序如下：

O0003;	
N10 G54 M03 S1000;	建立工件坐标系,启动主轴,转速为 1 000 r/min
N20 G00 X100 Z50;	设置换刀点
N30 T0101;	选用 1 号粗车刀及刀补
N40 G00 X40 Z0;	进刀
N50 G01 X0 F30;	加工端面
N60 G00 X29.8;	退刀
N70 G01 Z-50 F100;	粗车外圆柱面
N80 G00 X32 Z2;	退刀
N90 X21.8;	进刀
N100 G01 X29.8 Z-2;	倒角
N110 G00 X100 Z50 M00;	退刀,主轴暂停
N120 G55 T0202;	换 2 号精车刀及刀补
N130 M03 S2000;	启动主轴,转速为 2 000 r/min
N140 G00 X21.8 Z2;	进刀
N150 G01 X29.8 Z-2 F30;	倒角
N160 Z-50;	精车外圆柱面

N170 G00 X100 Z50 M00;	退刀,主轴暂停
N180 G56 T0303;	换3号切槽刀
N190 M03 S600;	启动主轴,转速为600 r/min
N200 G00 X38 Z-50;	进刀
N210 G75 R2;	切槽循环
N220 G75 X28 Z-52 P3000 Q1000 F20;	切槽循环
N230 X100 Z50 M00;	返回,主轴暂停
N240 G57 T0404;	换4号螺纹刀
N250 M03 S400;	启动主轴,转速为400 r/min
N260 G00 X32 Z3;	进刀
N270 G92 X28.9 Z-48 F2;	加工螺纹第1刀
N280 X28.3;	加工螺纹第2刀
N290 X27.7;	加工螺纹第3刀
N300 X27.3;	加工螺纹第4刀
N310 X27.2;	加工螺纹第5刀
N320 X27.2;	去毛刺
N330 G00 X100 Z50;	退刀,返回
N340 G54 T0100;	换1号刀,取消刀具补偿
N350 M05;	主轴停
N360 M30;	程序结束并返回

3. G76——复合循环车削螺纹

编程格式：G76 P (m) (r) (α) Q (Δdmin) R (d);

G76 X (U) _Z (W) _R (i) P (k) Q (Δd) F (P_h);

复合循环车削
螺纹（G76）

式中，m——精加工次数（01~99）；

r——螺纹倒角量（00~99），不使用小数点，一般为1~2 mm；

α——刀尖角（0°、29°、30°、55°、60°、80°共6种）；

Δdmin——最小切深（用半径值指定），始终取正值，单位为 μm；

d——螺纹加工时精加工余量；

X (U)、Z (W)——螺纹终点坐标值，X 轴坐标一般为螺纹小径值；

i——螺纹加工起始点与终点的半径差，圆柱螺纹可省略；

k——螺纹牙高（用半径值指定），始终取正值，单位为 μm；

Δd——螺纹加工第一刀切深（用半径值指定），始终取正值，单位为 μm；

P_h——螺纹导程。

螺纹车削前，刀具实际位置需大于或等于螺纹直径，锥螺纹按大头直径计算，否则会出现"扎刀现象"。

【实例4-3】螺纹轴编程实例

1. 实例描述

加工工件如图4-8所示,试编写螺纹轴加工程序。

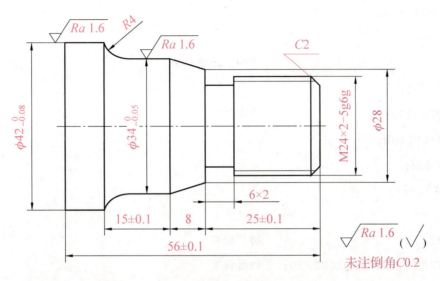

图4-8 螺纹轴实例

2. 加工步骤与编写程序

(1) 零件加工步骤如下:

①夹持零件毛坯,伸出卡盘长度70 mm;

②粗、精加工零件外轮廓至尺寸要求;

③切槽至尺寸要求6×2,刀宽4 mm;

④粗、精加工螺纹至尺寸要求;

⑤切断零件,保证总长。

(2) 编写程序。

程序如下:

```
O0041;
N010 G54 G00 X100 Z100;
N020 M03 S1500;
N030 T0101;
N040 G00 X45 Z5;
N050 G71 U1 R1;                          外圆粗车循环
N060 G71 P70 Q170 U0.6 W0.3 F100;        外圆粗车循环
N070 G01 X0 F40;                         精加工轮廓起点
N080 Z0;
N090 X20;
N100 X24 Z-2;
N110 Z-25;
```

```
N120 X28;
N130 X34Z-33;
N140 Z-44;
N150 G02X42Z-48R4;
N160 G01Z-61;
N170 X46;                          精加工轮廓终点
N180 M03S2000;
N190 G70P70Q170;                   精车循环
N200 G00X100Z100;
N210G55T0202;
N220G00X40Z-23;
N230S500;
N240 G75R2;                        切槽循环
N250 G75X20Z-25P2000Q1000F30;      切槽循环
N260 G00X100Z100;
N270 G56T0303;
N280 G00X30Z5;
N290 G76P010260Q0.1R0.1;           螺纹复合循环
N300 G76X21.4Z-22P1300Q300F2;      螺纹复合循环
N310 G00X100 Z100;
N320 G55T0202;
N330 G00 X50 Z-60;
N340 G01X2F20;                     切断工件(直径保留2 mm)
N350 X50F80;
N360 X22;
N370 G00X100Z100;
N380 M05;
N390 M30;
```

4.3 任务实施

一、工艺过程

① 车端面。

② 自右向左粗车外表面。

③自右向左精车外表面。

④切外沟槽。

⑤车螺纹。

⑥切断。

二、刀具与工艺参数

数控加工刀具卡、数控加工工序卡分别如表4-3、表4-4所示。

表4-3 数控加工刀具卡

项目任务			零件名称		零件图号		
序号	刀具号	刀具名称及规格	刀尖半径/mm	数量	加工表面	备注	
1	T0101	刀尖角35 粗、精车外圆刀	0.4	1把	外表面、端面		
2	T0202	60°外螺纹车刀		1把	外螺纹		
3	T0303	切断刀	刀宽4	1把	切槽、切断		

表4-4 数控加工工序卡

材料	45钢	零件图号		系统	FANUC	工序号	
操作序号	工步内容（走刀路线）		G功能	T刀具	切削用量		
					主轴转速 n /(r·min^{-1})	进给率 F /(mm·r^{-1})	背吃刀量 a_p /mm
程序	夹住棒料一头，留出长度大约65 mm（手动操作）						
1	切端面		G01	T0101	600	0.3	
2	自右向左粗车外表面		G71	T0101	600	0.3	1
3	自右向左精车外表面		G70	T0101	900	0.1	0.3
4	切外沟槽		G01	T0202	300	0.08	
5	车螺纹		G76	T0303	500		
6	切断		G01	T0202	300	0.1	
7	检测、校核						

三、装夹方案

用三爪自定心卡盘夹紧定位。

四、程序编制

程序如下：

```
O0052;
N010T0101;                          调1号刀,建立工件坐标系
N020G00X100Z100;                    设置换刀点
N030G99M08M03S1500;                 设置每转进给量/打开切削液/启动主轴
N040G00X35Z5;                       快速到起刀点
N050G71U1R1;                        外圆粗车循环
N060G71P70Q140U0.4W0.2F0.2;         外圆粗车循环
N070G01X0F0.05;                     切削到工件中心
N080Z0;
N090X17;                            切端面
N100X20Z-1.5;                       倒角C1.5
N110Z-24;                           切削螺纹大径
N120X25;                            切台阶
N130Z-39;                           切左端外圆
N140X31;                            退刀
N150M03S2000;                       变速准备精加工
N160G70P70Q140;                     精车外圆
N170G00X100Z100;                    快速返回换刀点
N180T0202;                          更换2号刀,建立工件坐标系
N190M03S500;                        变速
N200G00X30Z-24;                     快速到切槽位置
N210G01X16F0.05;                    切槽
N205G04X2;                          暂停2s
N220G01X30F0.3;                     退刀
N230G00X100Z100;                    快速返回到换刀点
N240T0303;                          更换3号刀,建立工件坐标系
N250G00X25Z5;                       快速到螺纹切削起始点
N260M03S800;                        变速
N270G76P020160Q0.05R0.05;           螺纹循环
N280G76X17.4Z-22P1.3Q0.3F2;         螺纹循环
N290G00X100Z100;                    快速到换刀点
N300T0202;                          更换2号刀,建立工件坐标系
```

```
N310G00X35Z-38;              快速到切断位置
N320M03S500;                 变速
N330G01X2F0.05;              切断保留2 mm,手工判断
N340X35F0.3;                 退刀
N350G00X100Z100 M09;         快速返回到换刀点/关闭切削液
N360M05;                     主轴停
N370M30;                     程序结束并返回
```

五、对刀

试切对刀，对刀坐标系存储在 G54 中。

六、加工

利用仿真系统的程序完成自动校验、模拟加工及检测功能。

4.4 任务评价

1. 个人知识和技能评价

个人知识和技能评价表如表 4-5 所示。

表 4-5 个人知识和技能评价表

评价项目	任务评价内容	分值	自我评价	小组评价	教师评价	得分
项目理论知识	①编程格式及走刀路线	5				
	②基础知识融会贯通	10				
	③零件图纸分析	10				
	④制订加工工艺	10				
	⑤加工技术文件的编制	5				
项目仿真加工技能	①程序的输入	10				
	②图形模拟	10				
	③刀具、毛坯的选择及对刀	10				
	④仿真加工工件	5				
	⑤尺寸等的精度仿真检验	5				

续表

评价项目	任务评价内容	分值	自我评价	小组评价	教师评价	得分
职业素质培养	①出勤情况	5				
	②纪律	5				
	③团队协作精神	10				
合计总分		100				

2. 小组学习实例评价

小组学习实例评价表如表4-6所示。

表4-6 小组学习实例评价表

班级：　　　　　　　　　　小组编号：　　　　　　　　　成绩：

评价项目	评价内容及评价分值			学员自评	同学互评	教师评分
分工合作	优秀（12~15分）	良好（9~11分）	继续努力（9分以下）			
	小组成员分工明确，任务分配合理，有小组分工职责明细表	小组成员分工较明确，任务分配较合理，有小组分工职责明细表	小组成员分工不明确，任务分配不合理，无小组分工职责明细表			
获取与项目有关质量、市场、环保等内容的信息	优秀（12~15分）	良好（9~11分）	继续努力（9分以下）			
	能使用适当的搜索引擎从网络等多种渠道获取信息，并合理地选择信息、使用信息	能从网络获取信息，并较合理地选择信息、使用信息	能从网络或其他渠道获取信息，但信息选择不正确，信息使用不恰当			
数控仿真加工技能操作情况	优秀（16~20分）	良好（12~15分）	继续努力（12分以下）			
	能按技能目标要求规范完成每项实操任务，能正确分析机床可能出现的报警信息，并对显示故障能迅速排除	能按技能目标要求规范完成每项实操任务，但仅能部分正确分析机床可能出现的报警信息，并对显示故障能迅速排除	能按技能目标要求完成每项实操任务，但规范性不够。不能正确分析机床可能出现的报警信息，不能迅速排除显示故障			
基本知识分析讨论	优秀（16~20分）	良好（12~15分）	继续努力（12分以下）			
	讨论热烈，各抒己见，概念准确，原理思路清晰，理解透彻，逻辑性强，并有自己的见解	讨论没有间断，各抒己见，分析有理有据，思路基本清晰	讨论能够展开，分析有间断，思路不清晰，理解不够透彻			

续表

评价项目	评价内容及评价分值			学员自评	同学互评	教师评分
成果展示	优秀（24~30分）	良好（18~23分）	继续努力（18分以下）			
	能很好地理解项目的任务要求，成果展示逻辑性强，能熟练利用信息平台进行成果展示	能较好地理解项目的任务要求，成果展示逻辑性强，能较熟练利用信息平台进行成果展示	基本理解项目的任务要求，成果展示停留在书面和口头表达，不能熟练利用信息平台进行成果展示			
合计总分						

4.5 职业技能鉴定指导

1. 知识技能复习要点

(1) 能读懂中等复杂程度的零件图。

(2) 能编制数控车床加工工艺文件。

(3) 掌握数控车床常用夹具的使用方法。

(4) 根据数控车床加工工艺文件选择、安装和调整数控车床常用刀具。

(5) 能编制由直线、圆弧、外螺纹等组成的数控加工程序。

(6) 掌握常用螺纹的车削加工方法。

(7) 掌握螺纹加工中的参数计算。

(8) 掌握刀具偏置补偿、刀尖半径补偿与刀具参数的输入方法。

(9) 能应用仿真软件编辑、调试程序，完成仿真加工、检测。

2. 理论复习（模拟试题）

(1) （　　）能够增强企业内聚力。

　　A. 竞争　　　　　B. 团结互助　　　　C. 个人主义　　　　D. 各尽其责

(2) 表面质量对零件的使用性能的影响不包括（　　）。

　　A. 耐磨性　　　　B. 耐腐蚀性能　　　C. 疲劳强度　　　　D. 导电能力

(3) 用百分表测量时，测量杆应预先有（　　）mm 压缩量。

　　A. 1~1.5　　　　B. 0.3~1　　　　　C. 0.1~0.3　　　　D. 0.01~0.05

(4) 数控车床液动卡盘夹紧力的大小靠（　　）调整。

　　A. 变量泵　　　　B. 溢流阀　　　　　C. 换向阀　　　　　D. 减压阀

(5) 刀尖半径补偿功能为模态指令，数控系统初始状态是（　　）。

A. G41　　　　　　B. G42　　　　　　C. G40　　　　　　D. 由操作者指定

（6）进给功能用于指定（　　）。

A. 进给转速　　　　B. 进给速度　　　　C. 进刀深度　　　　D. 进给方向

（7）车削 M30×2 的双线螺纹时，F 功能字应代入（　　）mm 编程加工。

A. 2　　　　　　　　B. 4　　　　　　　　C. 6　　　　　　　　D. 8

（8）G76 指令中的 F 是指螺纹的（　　）。

A. 大径　　　　　　B. 小径　　　　　　C. 螺距　　　　　　D. 导程

（9）除基本视图外，还有全剖视图、半剖视图和旋转视图 3 种视图。　　　　（　　）

3. 技能实训（真题）

（1）任务描述：加工零件如图 4-9 所示，毛坯为 ϕ30 mm 棒料，材料为 45 钢，试用不同螺纹指令编写图中所示零件。

（2）任务描述：加工零件如图 4-10 所示，毛坯为 ϕ50 mm 棒料，材料为 45 钢，试用不同螺纹指令编写图中所示零件。导程 P_h = 2 mm，牙深为 1.299 mm，选取主轴转速 n = 500 r/mim。

（3）任务描述：加工零件如图 4-11 所示，试编写图中所示零件加工程序。

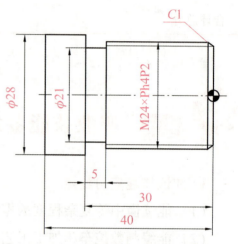

图 4-9　圆柱螺纹加工练习

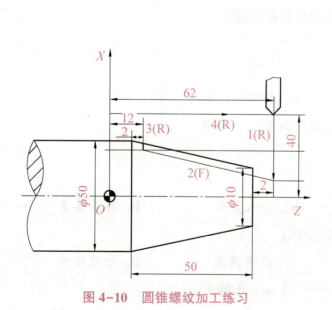

图 4-10　圆锥螺纹加工练习

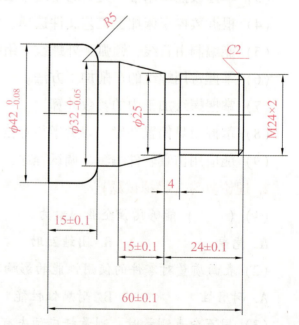

图 4-11　综合加工练习

任务 5

车削加工孔类表面

知识目标

1. 掌握孔加工工艺及检测知识（职业技能鉴定点）
2. 熟练掌握孔加工指令及孔加工程序编制（职业技能鉴定点）
3. 熟练应用数控真软件车削内孔零件

技能目标

1. 孔加工工艺分析和设计（职业技能鉴定点）
2. 孔的测量（职业技能鉴定点）
3. 能编制孔加工程序（职业技能鉴定点）
4. 能应用仿真加工软件、内孔刀具来加工内孔

素养目标

1. 培养学生勤于思考、踏实肯干、勇于创新的工作态度
2. 培养学生自学能力，以及在分析和解决问题时查阅资料、处理信息、独立思考及可持续发展能力

5.1 任务描述——加工套管

加工图 5-1 所示套管零件。毛坯为 φ50 mm 棒料，材料为 45 钢。

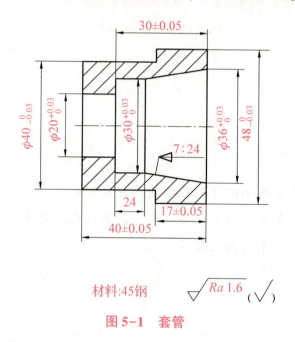

材料:45钢

图 5-1 套管

5.2 相关知识

一、孔加工的工艺知识

1. 加工孔的方法

孔加工在金属切削中占有很大的比重，应用广泛。孔加工的方法比较多，在数控车床上常用的有点孔、钻孔、扩孔、铰孔、镗孔等。

2. 钻孔

（1）刀具。图 5-2 为常见孔加工刀具。

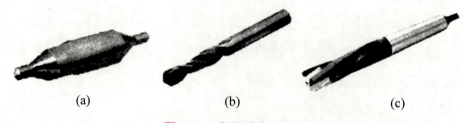

图 5-2 常见孔加工刀具

（a）中心钻；（b）麻花钻；（c）扩孔钻

（2）钻孔时的切削用量。高速钢钻头加工钢件的切削用量如表 5-1 所示。

表 5-1　高速钢钻头加工钢件的切削用量

钻头直径/mm	$\sigma_b=520\sim700$ MPa（35、45 钢）		$\sigma_b=700\sim900$ MPa（15Cr、20Cr 钢）		$\sigma_b=1\,000\sim1\,100$ MPa（合金钢）	
	$v_c/(\text{m}\cdot\text{min}^{-1})$	$f/(\text{mm}\cdot\text{r}^{-1})$	$v_c/(\text{m}\cdot\text{min}^{-1})$	$f/(\text{mm}\cdot\text{r}^{-1})$	$v_c/(\text{m}\cdot\text{min}^{-1})$	$f/(\text{mm}\cdot\text{r}^{-1})$
≤6	8~25	0.05~0.1	12~30	0.05~0.1	8~15	0.03~0.08
>6~12	8~25	0.1~0.2	12~30	0.1~0.2	8~15	0.08~0.15
>12~22	8~25	0.2~0.3	12~30	0.2~0.3	8~15	0.15~0.25
>22~30	8~25	0.3~0.45	12~30	0.3~0.4	8~15	0.25~0.35

3. 镗孔

（1）刀具。图 5-3 为常见镗孔刀具。

图 5-3　常见镗孔刀具

（2）镗孔时的切削用量。可查阅相关切削手册。

二、孔加工指令

1. G71、G72、G73——加工内孔复合循环

指令格式同外圆车削，但应注意精加工余量参数 U 地址后的数值为负值，G73 指令中总切除量 U 地址后的数值也为负值。

2. G74——深孔钻削复合循环

编程格式：G74 R（e）；

　　　　　　G74 X（U）_Z（W）_P（Δu）Q（Δw）R（Δd）F（f）S（h）；

式中，e——Z 轴方向每次切削的退刀间隙；

　　X（U）、Z（W）——切削终点坐标值；

　　Δu——X 轴方向每次切削的深度（无符号），单位为 μm；

　　Δw——Z 轴方向每次切削的深度（无符号），单位为 μm；

　　Δd——每次切削完成后的 X 轴方向的退刀量。

深孔钻削循环（G74）

特别提示

①G74 的名称虽然是深孔钻削复合循环，但是从真正意义上来讲，它既能进行 Z 轴方向的孔加

工,又能进行端面切槽。在上述格式中,若省略 X(U)、I(或 P)及 D(或格式中第 2 个程序段的 R)值,则程序变成只沿 Z 轴方向进行的加工,即钻孔加工。G74 最常见的也是这种加工方式。

② G74 深孔钻削复合循环如图 5-4 所示,刀具定位在 A 点,沿 Z 轴方向进行加工,每次加工 Δw 后,退 e 的距离,然后加工 Δw,依次循环至 Z 轴方向坐标给定的值,返回 A 点,再向 X 轴方向进 Δu,重复以上动作至 Z 轴方向坐标给定的值,最后加工至给定坐标位(图中 C 点),再分别沿 Z 轴方向和 X 轴方向返回 A 点。

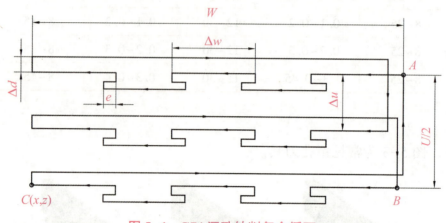

图 5-4 G74 深孔钻削复合循环

【实例 5-1】阶梯孔编程实例

1. 实例描述

用 G72 循环程序编制图 5-5 所示的阶梯孔零件的加工程序,要求循环起始点在 A(0,5),背吃刀量为 1.2 mm,退刀量为 1 mm,X 轴方向精加工余量为 0.3 mm,Z 轴方向精加工余量为 0.15 mm。

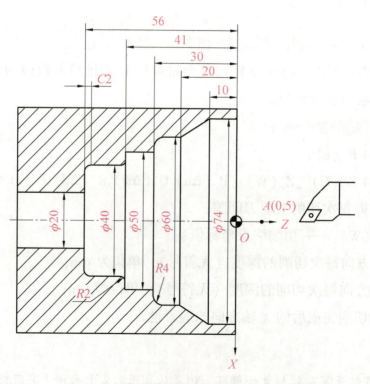

图 5-5 阶梯孔实例

2. 编写程序

用 T1 号内孔车刀进行粗、精加工，程序如下：

```
O0018;
N010G54G00X150Z100;
N020M03S600;
N030T0101;
N040G00X0Z5;
N050G74R2;                               钻孔循环
N060G74Z-80Q5000F20;                     钻孔循环
N070G00X150Z100;
N080 G55T0202;                           换2号刀
N090 M03 S1000;                          启动主轴
N100 G00 X15 Z5;                         进刀至粗车循环起点
N110 G72 W1.2 R1;                        粗车循环
N120 G72 P130 Q240 U-0.3 W0.15 F80;      粗车循环，余量 X = 0.3 mm, Z = 0.15 mm
    N130 G00 Z-56;                       精加工轮廓起点
    N140 G01 X36 F30;                    车削40内孔端面
N150 X40 W2;                             倒角
N160 Z-43;                               车削40内孔
N170 G03 X44 Z-41 R2;                    倒圆角 R2
N180 G01 X50;                            车削50内孔端面
N190 Z-30;                               车削50内孔
N200 X52;                                车削60内孔端面
N210 G02 X60 Z-26 R4;                    车削圆角 R4
N220 G01 Z-20;                           车削60内孔
N230 X74 Z-10;                           车削锥孔
N240 Z2;                                 车削74内孔，精加工轮廓终点
N250 S1500;
N260 G70 P130 Q240;                      精车
N270 G00 X150 Z100;                      返回
N280 T0000;                              取消刀具补偿
N290 M05;                                主轴停
N300 M30;                                程序结束并返回
```

5.3 任务实施

一、工艺过程

①车端面。
②钻中心孔。
③用 φ18 mm 钻头钻出长度为 41 mm 的内孔。
④粗车外轮廓，留精加工余量 0.6 mm。
⑤精车外轮廓，达到图纸要求。
⑥粗镗内表面，留精加工余量 0.4 mm。
⑦精镗内表面，达到图纸要求。
⑧切断，保证总长为 40.2 mm。

二、刀具与工艺参数

数控加工刀具卡、数控加工工序卡分别如表5-2、表5-3所示。

表5-2 数控加工刀具卡

项目任务		零件名称		零件图号		
序号	刀具号	刀具名称及规格	刀尖半径/mm	数量	加工表面	备注
1	T0101	95°粗、精车右偏外圆刀	0.8	1把	外表面、端面	80°菱形刀片
2	T0202	粗镗孔车刀	0.4	1把	内孔	
		精镗孔车刀	0.4	1把	内孔	
3	T0303	切断刀（刀位点为左刀尖）	0.4	1把	切槽、切断	刀宽4 mm
4	T0505	中心钻		1个	中心孔	
5	T0606	φ23 mm 钻头		1个	内孔	

表 5-3 数控加工工序卡

材料	45 钢		零件图号		系统	FANUC	工序号	
操作序号	工步内容 （走刀路线）		G 功能	T 刀具	切削用量			
					主轴转速 n /(r·min^{-1})	进给率 F /(mm·r^{-1})	背吃刀量 a_p /mm	
程序	夹住棒料一头，留出长度大约 65 mm（手动操作），车端面，对刀，调用程序							
1	手工操作钻中心孔			T0505	1 000			
2	钻 ϕ18 mm 孔		G74	T0101	300	0.1		
3	粗车外轮廓		G01	T0606	300	0.2	0.7	
4	精车外轮廓		G01	T0606	650	0.1	0.3	
5	粗镗内表面		G72	T0202	350	0.2	1	
6	精镗内表面		G70	T0202	1 000	0.1	0.2	
7	手工切断		G01	T0303	200	0.1	4	
8	掉头，平端面、倒角，达到图纸要求。							
9	检测、校核							

三、装夹方案

用三爪自定心卡盘夹紧定位。

四、程序编制

内孔加工程序如下：

```
O0066;
N010G54 M03S1000;                     建立工件坐标系/启动主轴
N020 G00X100Z100;                     设置换刀点
N030G99 T0101;                        设置每转进给量、调1号刀及刀补
N040G00X0Z5;                          钻孔定位
N050G74R2;                            钻孔循环
N060G74X0Z-50Q5000R0F0.1;             钻孔循环
N070G00X100Z100;                      返回换刀点
N080G55T0202;                         换2号内孔刀及刀补
N090G00X15Z5;                         内孔循环起点
```

```
N100G72W2R1;                        内孔循环
N110G72P120Q150U-1W0.5F0.2;         内孔循环
N120G01Z-30F0.1;                    内孔精加工轮廓起点
N130X30;
N140Z-24;
N150X38Z4;                          内孔精加工轮廓终点
N160M03S2000;
N170G70P120Q150;                    内孔精加工循环
N180G00X100Z100;                    返回换刀点
N190M05;                            主轴停止
N200M30;                            程序结束并返回
```

五、对刀

试切对刀，对刀坐标系存储在G54中。

六、加工

利用仿真系统的程序完成自动校验、模拟加工及检测功能。

5.4 任务评价

1. 个人知识和技能评价

个人知识和技能评价表如表5-4所示。

表5-4　个人知识和技能评价表

评价项目	任务评价内容	分值	自我评价	小组评价	教师评价	得分
项目理论知识	①编程格式及走刀路线	5				
	②基础知识融会贯通	10				
	③零件图纸分析	10				
	④制订加工工艺	10				
	⑤加工技术文件的编制	5				

续表

评价项目	任务评价内容	分值	自我评价	小组评价	教师评价	得分
项目仿真加工技能	①程序的输入	10				
	②图形模拟	10				
	③刀具、毛坯的选择及对刀	10				
	④仿真加工工件	5				
	⑤尺寸等的精度仿真检验	5				
职业素质培养	①出勤情况	5				
	②纪律	5				
	③团队协作精神	10				
合计总分		100				

2. 小组学习实例评价

小组学习实例评价表如表 5-5 所示。

表 5-5　小组学习实例评价表

班级：　　　　　　　　　小组编号：　　　　　　　　　成绩：

评价项目	评价内容及评价分值			学员自评	同学互评	教师评分
分工合作	优秀（12~15分）	良好（9~11分）	继续努力（9分以下）			
	小组成员分工明确，任务分配合理，有小组分工职责明细表	小组成员分工较明确，任务分配较合理，有小组分工职责明细表	小组成员分工不明确，任务分配不合理，无小组分工职责明细表			
获取与项目有关质量、市场、环保等内容的信息	优秀（12~15分）	良好（9~11分）	继续努力（9分以下）			
	能使用适当的搜索引擎从网络等多种渠道获取信息，并合理地选择信息、使用信息	能从网络获取信息，并较合理地选择信息、使用信息	能从网络或其他渠道获取信息，但信息选择不正确，信息使用不恰当			

续表

评价项目	评价内容及评价分值			学员自评	同学互评	教师评分
数控仿真加工技能操作情况	优秀（16~20分）能按技能目标要求规范完成每项实操任务，能正确分析机床可能出现的报警信息，并对显示故障能迅速排除	良好（12~15分）能按技能目标要求规范完成每项实操任务，但仅能部分正确分析机床可能出现的报警信息，并对显示故障能迅速排除	继续努力（12分以下）能按技能目标要求完成每项实操任务，但规范性不够。不能正确分析机床可能出现的报警信息，不能迅速排除显示故障			
基本知识分析讨论	优秀（16~20分）讨论热烈，各抒己见，概念准确，原理思路清晰，理解透彻，逻辑性强，并有自己的见解	良好（12~15分）讨论没有间断，各抒己见，分析有理有据，思路基本清晰	继续努力（12分以下）讨论能够展开，分析有间断，思路不清晰，理解不够透彻			
成果展示	优秀（24~30分）能很好地理解项目的任务要求，成果展示逻辑性强，能熟练利用信息平台进行成果展示	良好（18~23分）能较好地理解项目的任务要求，成果展示逻辑性强，能较熟练利用信息平台进行成果展示	继续努力（18分以下）基本理解项目的任务要求，成果展示停留在书面和口头表达，不能熟练利用信息平台进行成果展示			
合计总分						

5.5 职业技能鉴定指导

1. 知识技能复习要点

（1）能读懂中等复杂程度的零件图。

（2）能编制数控车床加工工艺文件。

（3）掌握数控车床常用夹具的使用方法。

（4）能利用计算机绘图软件计算节点。

(5) 根据数控车床加工工艺文件选择、安装和调整数控车床常用内孔刀具。

(6) 能编制内孔类的零件数控加工程序。

(7) 掌握常用内孔类零件的车削加工方法与检测。

(8) 掌握刀具偏置补偿、刀尖半径补偿与刀具参数的输入方法。

(9) 能应用仿真软件编辑、调试程序，完成仿真加工、检测。

2. 理论复习（模拟试题）

(1) 下列材料中（　　）不属于变形铝合金。

A. 硬铝合金　　　　　　　　　B. 超硬铝合金

C. 铸造铝合金　　　　　　　　D. 锻铝合金

(2) 中碳结构钢制作的零件通常在（　　）进行高温回火，以获得适宜的强度与韧性的良好配合。

A. 150～250℃　　　　　　　　B. 200～300℃

C. 300～400℃　　　　　　　　D. 500～600℃

(3) FANUC 系统数控车床用增量编程时，X 轴、Z 轴地址分别用（　　）表示。

A. X、W　　　B. U、V　　　C. X、Z　　　D. U、W

(4) G70 PQ 编程格式中的"Q"的含义是（　　）。

A. 精加工路径的首段顺序号　　B. 精加工路径的末段顺序号

C. 进刀量　　　　　　　　　　D. 退刀量

(5) 采用 G50 设定坐标系之后，数控车床在运行程序时（　　）回参考点。

A. 用　　　　　　　　　　　　B. 不用

C. 可以用也可以不用　　　　　D. 取决于机床制造厂的产品设计

(6) 计算机辅助设计的英文缩写是（　　）。

A. CAD　　　B. CAM　　　C. CAE　　　D. CAT

(7) 编程加工内槽时，切槽前的切刀定位点的直径应比孔径尺寸（　　）。

A. 小　　　B. 相等　　　C. 大　　　D. 无关

(8) 在（　　）情况下，需要手动返回机床参考点。

A. 机床电源接通开始工作之前

B. 机床停电后，再次接通数控系统的电源时

C. 机床在急停信号或超程报警信号解除之后，恢复工作时

D. 机床电源接通开始工作之前、机床停电后，再次接通数控系统的电源时、机床在急停信号或超程报警信号解除之后，恢复工作时都是

(9) 局部放大图应尽量配置在被放大部位的附近。　　　　　　　　　　（　　）

(10) 切削过程是工件材料被刀具挤压变形产生滑移的过程。　　　　　（　　）

3. 技能实训（真题）

任务描述：试编程车削如图 5-6 所示的内孔零件，材料为 45 钢。

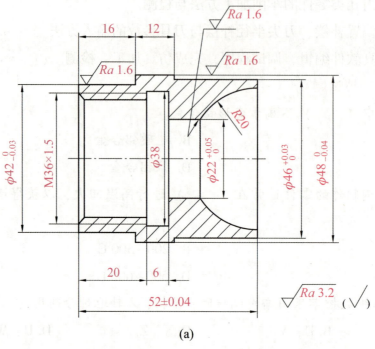

(a)

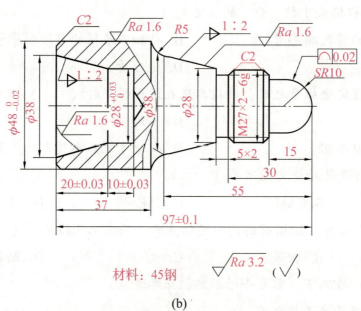

材料：45钢

(b)

图 5-6 内孔加工练习

(a) 内曲面螺纹套；(b) 内锥面轴

任务 6

数控车床操作

知识目标

1. 掌握数控车床操作步骤（职业技能鉴定点）
2. 会磨耗补正（职业技能鉴定点）
3. 熟悉安全文明操作规程（职业技能鉴定点）
4. 熟悉车床维护保养（职业技能鉴定点）

技能目标

1. 正确操作数控车床（职业技能鉴定点）
2. 掌握测量工件技能（职业技能鉴定点）
3. 能够分析零件质量（职业技能鉴定点）
4. 熟悉安全文明操作（职业技能鉴定点）

素养目标

1. 培养学生严谨、细心、全面、追求高效、精益求精的职业素质，强化产品质量意识
2. 培养学生良好的道德品质、沟通协调能力和团队合作及敬业精神
3. 培养学生一定的计划、决策、组织、实施和总结的能力
4. 培养学生大国工匠精神，练好本领，建设祖国，具备奉献社会的爱国主义情操

6.1 任务描述——加工宝塔零件

加工图 6-1 所示的宝塔零件,用外圆车刀加工其圆弧的外圆。试编写其轮廓加工程序并进行加工。毛坯尺寸为 ϕ30 mm×80 mm,材料为铝合金。

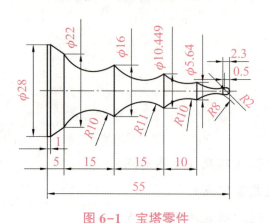

图 6-1 宝塔零件

6.2 相关知识

一、实训要求及安全教育

(1)数控系统的编程、操作和维修人员必须经过专门的技术培训,熟悉所用数控车床的使用环境、条件和工作参数,严格按机床和系统的使用说明书的要求正确、合理地操作机床。

(2)上机单独操作,发现问题时应立即停止生产,严格按照操作规程进行安全操作。

(3)强调学生应爱惜公共财产,节约资源,避免浪费,培养其良好的作风习惯。

二、实训过程参照企业 8S 标准进行管理和实施

8S 管理内容就是整理、整顿、清扫、清洁、素养、安全、节约、学习 8 个项目,因其古罗马发音均以"S"开头,故简称为 8S。采用 8S 管理的目的,是使企业在现场管理的基础上,通过创建学习型组织不断提升企业文化的素养、消除安全隐患、节约成本和时间,使企业在激烈的竞争中,立于不败之地。8S 管理的意义、目的和实施要领如表 6-1 所示。

表 6-1 8S 管理的意义、目的和实施要领

8S	意义	目的	实施要领
整理	将混乱的状态收拾成井然有序的状态	①腾出空间，使空间活用，增加作业面积 ②物流畅通、防止误用、误送等 ③塑造清爽的工作场所	①自己的工作场所（范围）要全面检查，包括看得到和看不到的 ②制定"要"和"不要"的判别基准 ③将不要的物品清除出工作场所，要有决心 ④对需要的物品调查其使用频率，决定日常用量及放置位置； ⑤制订废弃物处理方法 ⑥每日进行自我检查
整顿	通过前一步整理后，对生产现场需要留下的物品进行科学合理的布置和摆放，以便用最快的速度取得所需之物，并在最有效的规章、制度和最简捷的流程下完成作业	①使工作场所一目了然，创造整齐的工作环境 ②不用浪费时间找东西，能在 30 s 内找到要找的东西，并能立即使用	①前一步骤整理的工作要落实 ②流程布置，确定放置场所、明确数量：物品的放置场所原则上要 100%设定；物品的保管要定点（放在哪里合适）、定容（用什么容器、颜色）、定量（规定合适的数量）；生产线附近只能放真正需要的物品 ③规定放置方法：易取，提高效率；不超出规定的范围；在放置方法上多下功夫 ④划线定位 ⑤场所、物品标识：放置场所和物品的标识原则上应一一对应；标识方法全公司要统一
清扫	清除工作场所内的脏污，并防止污染的发生，将岗位保持在无垃圾、无灰尘、干净整洁的状态。清扫的对象：地板、墙壁、工作台、工具架、工具柜等，以及机器、工具、测量用具等	①消除脏污，保持工作场所干净、亮丽，使员工保持良好的工作情绪 ②稳定品质，最终达到企业生产零故障和零损耗	①建立清扫责任区（工作区内外） ②执行例行扫除，清理脏污，形成责任与制度 ③调查污染源，予以杜绝或隔离 ④建立清扫基准，并将其作为规范
清洁	将上面的 3S（整理、整顿、清扫）实施的做法进行到底，形成制度，并贯彻执行及维持结果	维持上面 3S 的成果，并显现"异常"之所在	①前面 3S 工作实施彻底 ②定期检查，实行奖惩制度，加强执行 ③管理人员经常带头巡查，以表重视

续表

8S	意义	目的	实施要领
素养	人人依规定行事,从心态上养成能随时进行8S管理的良好习惯并坚持下去	①提高员工素质,培养员工使之成为一个遵守规章制度,并具有良好工作素养习惯的人 ②营造团体精神	①培训共同遵守的有关规则、规定 ②新进人员强化教育、实践
安全	清除安全隐患,保证工作现场员工人身安全及产品质量安全,预防意外事故的发生	①规范操作、确保产品质量、杜绝安全事故 ②保障员工的人身安全,保证生产连续、安全、正常地进行 ③减少因安全事故而带来的经济损失	①制订正确作业流程,适时监督指导 ②对不合安全规定的因素及时发现消除,所有设备都进行清洁、检修,能预先发现存在的问题,从而消除安全隐患 ③在作业现场彻底推行安全实例,使员工对于安全用电、确保通道畅通、遵守搬用物品的要点养成习惯,建立有规律的作业现场 ④员工正确使用保护器具,不违规作业
节约	对时间、空间、资源等方面合理利用,减少浪费,降低成本,以发挥它们的最大效能,从而创造一个高效率的、物尽其用的工作场所	养成降低成本的习惯,培养作业人员减少浪费的意识	①以自己就是主人公的心态对待企业的资源 ②能用的东西尽可能利用 ③切勿随意丢弃,丢弃前要思考其剩余的使用价值 ④减少动作浪费,提高作业效率 ⑤加强时间管理意识
学习	深入学习各项专业技术知识,从实践和书本中获取知识,同时不断地向同事及上级主管学习	①学习长处,完善自我,提升自己的综合素质 ②让员工能更好地发展,从而带动企业产生新的动力,从而应对未来可能存在的竞争与变化	①学习各种新的技能、技巧,不断满足个人及公司发展的需求 ②与人共享,能达到互补、互利;制造共赢;互补知识面与技术面的薄弱,互补能力的缺陷,提升整体的竞争力与应变能力 ③提高内部、外部客户服务的意识,为集体(或个人)的利益或事业工作,服务相关的同事、客户。例如,注意内部客户(后道工序)的服务

三、数控车床安全操作规程

1. 安全操作注意事项

(1) 工作时穿好工作服、安全鞋,戴好工作帽及防护镜,严禁戴手套操作机床。

(2) 不要移动或损坏安装在机床上的警告标牌。

(3) 不要在机床周围放置障碍物，工作空间应足够大。

(4) 某一项工作如需俩人或多人共同完成时，应注意相互间的协调一致。

(5) 不允许采用压缩空气清洗机床、电气柜及 NC 单元。

(6) 任何人员违反上述规定或学院的规章制度，实习指导员或设备管理员有权停止其使用、操作，并根据情节轻重，报学院相关部门处理。

2. 工作前的准备工作

(1) 机床开始工作前要有预热，要认真检查润滑系统工作是否正常，例如，机床长时间未开动，可先采用手动方式向各部分供油润滑。

(2) 使用的刀具应与机床允许的规格相符，若有严重破损的刀具则要及时更换。

(3) 调整刀具所用的工具不要遗忘在机床内。

(4) 检查大尺寸轴类零件的中心孔是否合适，以免发生危险。

(5) 刀具安装好后应进行一、二次试切削。

(6) 认真检查卡盘夹紧的工作状态。

(7) 机床开动前，必须关好机床防护门。

3. 工作过程中的安全事项

(1) 禁止用手接触刀尖和铁屑，铁屑必须要用铁钩子或毛刷来清理。

(2) 禁止用手或其他任何方式接触正在旋转的主轴、工件或其他运动部位。

(3) 禁止加工过程中量活、变速，更不能用棉丝擦拭工件，也不能清扫机床。

(4) 车床运转中，操作者不得离开岗位，一旦机床发现异常现象立即停车。

(5) 经常检查轴承温度，过高时应找相关人员进行检查。

(6) 在加工过程中，不允许打开机床防护门。

(7) 严格遵守岗位责任制，机床由专人使用，未经同意不得擅自使用。

(8) 当工件伸出车床 100 mm 以外时，须在伸出位置设置防护物。

(9) 禁止进行尝试性操作。

(10) 手动原点回归时，注意机床各轴位置要距离原点-100 mm 以上，机床原点回归顺序首先是+X轴，其次是+Z轴。

(11) 在使用手轮或快速移动方式移动各轴位置时，一定要先看清机床 X、Z 轴各方向"+""−"号标牌后再移动。移动时先慢转手轮观察机床移动方向，无误后，方可加快移动速度。

(12) 编完程序或将程序输入机床后，须先进行图形模拟，准确无误后再进行机床试运行，并且刀具应离开工件端面 200 mm 以上。

(13) 程序运行注意事项：

①对刀应准确无误，刀具补偿号应与程序调用刀具号符合；

②检查机床各功能按键的位置是否正确；

③ 光标要放在主程序头；

④ 夹注适量冷却液；

⑤ 站立位置应合适。启动程序时，右手做按停止按钮准备，程序在运行过程中手不能离开停止按钮，如有紧急情况应立即按下停止按钮。

（14）加工过程中认真观察切削及冷却状况，确保机床、刀具的正常运行及工件的质量。同时关闭防护门以免铁屑、润滑油飞出。

（15）在程序运行中如果须暂停测量工件尺寸，要待机床完全停止、主轴停转后方可进行测量，以免发生人身事故。

（16）关机时，要等主轴停转 3 min 后方可关机。

（17）未经许可禁止打开电器箱。

（18）各手动润滑点必须按说明书要求进行润滑。

（19）修改程序的钥匙要在程序调整完后立即拿掉，不得插在机床上，以免无意改动程序。

（20）使用机床时，每日必须使用削油循环 0.5 h，冬天时间可稍短一些。切削液要定期更换，一般为 1~2 个月，若机床数天不使用，则应每隔一天对 NC 单元及 CRT 部分通电 2~3 h。

4. 工作完成后的注意事项

（1）清除切屑、擦拭机床，使机床与环境保持清洁状态。

（2）注意检查或更换磨损坏了的机床导轨上的油擦板。

（3）检查润滑油、冷却液的状态，及时添加或更换。

（4）依次关掉机床操作面板上的电源和总电源。

四、维护与保养数控车床

数控车床具有机、电、液集于一身的，技术密集和知识密集的特点，是一种自动化程度高、结构复杂且昂贵的先进加工设备。为了充分发挥其效益，减少故障的发生，必须做好日常维护工作。因此要求数控车床维护人员不仅具备机械、加工工艺以及液压气动方面的知识，也要具备电子计算机、自动控制、驱动及测量技术等知识，这样才能全面了解、掌握数控车床，及时做好维护工作。

1. 数控车床主要的日常维护与保养工作的内容

（1）选择合适的使用环境。数控车床的使用环境（如温度、湿度、振动、电源电压、频率及干扰等）会影响机床的正常运转，所以在安装机床时应严格做到符合机床说明书中规定的安装条件和要求。在经济条件许可的情况下，应将数控车床与普通机械加工设备隔离安装，以便于数控车床的维修与保养。

（2）应为数控车床配备数控系统编程、操作和维修的专业人员。这些人员应熟悉所用机床的机械部分、数控系统、强电设备，液压、气压等部分及使用环境、加工条件等，并能按机床和系统使用说明书的要求正确使用数控车床。

（3）长期不用的数控车床的维护与保养。在数控车床闲置不用时，应经常经数控系统通电，并在机床锁住情况下，使其空运行。在空气湿度较大的梅雨季节应天天通电，利用电器元件本身的发热驱走数控柜内的潮气，以保证电子部件的性能稳定可靠。

（4）数控系统中硬件控制部分的维护与保养。每年应让有经验的维修电工检查一次。检测有关的参考电压是否在规定范围内，如电源模块的各路输出电压、数控单元参考电压等，并清除灰尘；检查系统内各电器元件连接是否松动；检查各功能模块使用风扇运转是否正常并清除灰尘；检查伺服放大器和主轴放大器使用的外接式再生放电单元的连接是否可靠，并清除灰尘；检测各功能模块使用的存储器后备电池的电压是否正常，一般应根据厂家的要求定期更换。对于长期停用的机床，应每月开机运行 4 h，这样可以延长数控机床的使用寿命。

（5）机床机械部分的维护与保养。操作者在每班加工结束后，应清扫干净散落于拖板、导轨等处的切屑；在工作时注意检查排屑器是否正常，以免造成切屑堆积，从而损坏导轨精度，危及滚珠丝杠与导轨的寿命；在工作结束前，应将各伺服轴回归原点后停机。

（6）机床主轴电动机的维护与保养。维修电工应每年检查一次伺服电动机和主轴电动机。着重检查其运行噪声、温升。若噪声过大，应查明原因，是轴承等机械问题还是与其相配的放大器的参数设置问题，以便采取相应措施加以解决。对于直流电动机，应对其电刷、换向器等进行检查、调整、维修或更换，使其工作状态良好。检查电动机端部的冷却风扇运转是否正常并清扫灰尘；检查电动机各联接插头是否松动。

（7）机床进给伺服电动机的维护与保养。对于数控车床的伺服电动机，要在 10~12 个月进行一次维护保养，对于加速或者减速变化频繁的机床要在 2 个月进行一次维护保养。维护保养的主要内容有：用干燥的压缩空气吹除电刷的粉尘，检查电刷的磨损情况，如需更换，则选用规格相同的电刷，更换后要空运行一段时间使其与换向器表面相吻合；检查清扫电枢整流子以防止其短路；如果装有测速电动机和脉冲编码器，也要进行检查和清扫。数控车床中的直流伺服电动机应每年至少检查一次，一般应在数控系统断电，并且电动机已完全冷却的情况下进行；取下橡胶刷帽，用螺钉旋具刀拧下刷盖取出电刷；测量电刷长度，如 FANUC 直流伺服电动机的电刷由 10 mm 磨损到小于 5 mm 时，必须更换同一型号的电刷；仔细检查电刷的弧形接触面是否有深沟和裂痕，以及电刷弹簧上有无打火痕迹。如有上述现象，则要考虑电动机的工作条件是否过分恶劣或电动机本身是否有问题。用不含金属粉末及水分的压缩空气导入装电刷的刷孔，吹净粘在刷孔壁上的电刷粉末。如果难以吹净，可用螺钉旋具尖轻轻清理，直至电刷粉末全部干净为止，但要注意不要碰到换向器表面。如果更换了新电刷，应使电动机空运行跑合一段时间，以使电刷表面和换向器表面相吻合。

（8）机床测量反馈元件的维护与保养。检测元件采用编码器、光栅尺的较多，也有的使用感应同步器、磁尺、旋转变压器等。维修电工每周应检查一次检测元件连接是否松动，是否被油液或灰尘污染。

(9) 机床电气部分的维护与保养。具体检查步骤是：检查三相电源的电压值是否正常，有无偏相，如果输入的电压超出允许范围，则进行相应调整；检查所有电气连接是否良好；检查各类开关是否有效，可借助于数控系统 CRT 显示的自诊断画面及可编程机床控制器（PMC）、输入/输出模块上的 LED 指示灯来检查确认，若不良应更换；检查各继电器、接触器是否工作正常，触点是否完好，可利用数控编程语言编辑一个功能试验程序，通过运行该程序确认各元件是否完好有效；检验热继电器、电弧抑制器等保护器件是否有效等。电气保养应由车间电工实施，每年检查调整一次。电气柜及操作面板显示器的箱门应密封，不能用打开柜门或使用外部风扇冷却的方式降温。操作者应每月清扫一次电气柜防尘滤网，每天检查一次电气柜冷却风扇或空调运行是否正常。

(10) 机床液压系统的维护与保养。各液压阀、液压缸及管子接头是否有外漏；液压泵或液压马达运转时是否有异常噪声等现象；液压缸移动时其工作是否正常平稳；液压系统的各测压点压力是否在规定的范围内，压力是否稳定；油液的温度是否在允许的范围内；液压系统工作时有无高频振动；电气控制或撞块（凸轮）控制的换向阀工作是否灵敏可靠；油箱内油量是否在油标刻线范围内；行位开关或限位挡块的位置是否有变动；液压系统手动或自动工作循环时是否有异常现象；定期对油箱内的油液进行取样化验，检查油液质量，定期过滤或更换油液；定期检查蓄能器的工作性能；定期检查冷却器和加热器的工作性能；定期检查和旋紧重要部位的螺钉、螺母、接头和法兰螺钉；定期检查更换密封元件；定期检查清洗或更换液压元件；定期检查清洗或更换滤芯；定期检查或清洗液压油箱和管道。操作者每周应检查液压系统压力有无变化，如有变化，应查明原因，并调整至机床制造厂要求的范围内。操作者在使用过程中，应注意观察刀具的自动换刀系统、自动拖板移动系统工作是否正常；液压油箱内油位是否在允许的范围内，油温是否正常，冷却风扇是否正常运转；每月应定期清扫液压油冷却器及冷却风扇上的灰尘；每年其应清洗液压油过滤装置；检查液压油的油质，如果失效变质应及时更换，所用油品应是机床制造厂要求的品牌或已经难以确认可代用的品牌；每年检查调整一次主轴箱平衡缸的压力，使其符合出厂要求。

(11) 机床气动系统的维护与保养。保证供给洁净的压缩空气，压缩空气中通常都含有水分、油分和粉尘等杂质。水分会使管道、阀和气缸腐蚀；油分会使橡胶、塑料和密封材料变质；粉尘会造成阀体动作失灵。选用合适的过滤器可以清除压缩空气中的杂质，使用过滤器时应及时排除和清理积存的液体，否则，当积存液体接近挡水板时，气流仍可将积存物卷起。保证空气中含有适量的润滑油，大多数气动执行元件和控制元件都要求有适度的润滑。润滑的方法一般采用油雾器进行喷雾润滑，油雾器一般安装在过滤器和减压阀之后。油雾器的供油量一般不宜过多，通常每 10 mL 的自由空气供 1 mL 的油量（即 40~50 滴油）。检查润滑是否良好的一个方法是：找一张清洁的白纸放在换向阀的排气口附近，如果换向阀在工作 3~4 个循环后，白纸上只有很轻的斑点，则表明润滑是良好的。保持气动系统的密封性，因为漏气不仅增加了能量的消耗,也会导致供气压力的下降,甚至造成气动元件工作失常。严重的漏气在气动系统停止运行时,由漏气引起的噪声很容易被发现;轻微的漏气则可利用仪表,或用涂抹肥皂水的办法进行检查。保证气动元件中运动零件的灵敏性,从空气压缩机排出的压缩空气,包含有粒度为 0.01~0.08 μm 的压缩机油微粒,在排气温度为 120~220℃ 的高温下,这些油粒会迅速氧化,氧化后的油粒颜色变深,黏性增大,并逐步由液态固化成油泥。这种微米级以下的颗粒,一般过滤器无法滤除。当它们进入到换向阀后便附着在阀芯上,使换向阀的灵敏度逐步降低,甚至出现动作失灵。为了清除油泥,保证换向阀的灵敏度,可在气动系统的过滤器之后,安装油雾分离器,将油泥分离出。此外,定期清洗液压阀也可以保证换向阀的灵敏度。保证气动装置具有合适的工作压力和运动速度,在调节工作压力时,压力表应当工作可靠,读数准确。减压阀与节流阀调节好后,必须紧固调压阀盖或锁紧螺母,防止其松动。操作者应每天检查压缩空气的压力是否正常;过滤器需要手动排水的,夏季应两天排一次,冬季一周排一次;每月检查润滑器内的润滑油是否用完,及时添加规定品牌的润滑油。

（12）机床润滑部分的维护与保养。各润滑部位必须按润滑图定期加油,注入的润滑油必须清洁。润滑处应每周定期加油一次,找出耗油量的规律,在发现供油减少时应及时通知维修工检修。操作者应随时注意 CRT 显示器上的运动轴的监控画面,若发现电流增大等异常现象,应及时通知维修工维修。维修工每年应进行一次润滑油分配装置的检查,发现油路堵塞或漏油应及时疏通或修复。底座里的润滑油必须加到油标的最高线,以保证润滑工作的正常进行。因此,必须经常检查油位是否正确,润滑油应 5~6 个月更换一次。由于新机床各部件的初磨损较大,所以,第 1 次和第 2 次换油的时间应提前到每月换一次,以便及时清除污物。废油排出后,箱内应用煤油冲洗干净（包括床头箱及底座内油箱）,同时清洗或更换滤油器。

（13）PMC 的维护与保养。对 PMC 与 NC 完全集成在一起的系统,不必单独对 PMC 进行检查调整;对其他两种组态方式,应对 PMC 进行检查。主要检查 PMC 的电源模块的电压输出是否正常;输入/输出模块的接线是否松动;输出模块内各路熔断器是否完好;后备电池的电压是否正常,必要时进行更换。对 PMC 输入/输出点的检查可利用 CRT 上的诊断画面,采用置位复位的方式检查,也可用运行功能试验程序的方法检查。

（14）有些数控系统的参数存储器是采用互补金属氧化物半导体（CMOS）元件,其存储内容在断电时靠电池代电保持。一般应在一年内更换一次电池,并且一定要在数控系统通电的状态下进行,否则会使存储参数丢失,导致数控系统不能工作。

（15）及时清扫。如空气过滤器的清扫,电气柜的清扫,印制线路板的清扫。

（16）X,Z 轴进给部分的轴承润滑脂,应每年更换一次。更换时,一定要把轴承清洗干净。

（17）自动润滑泵里的过滤器,应每月清洗一次。各个刮屑板,应每月用煤油清洗一次,发现损坏时应及时更换。

2. 数控车床维护与保养

数控车床维护与保养一览表如表6-2所示。

表6-2 数控车床维护与保养一览表

序号	检查周期	检查部位	检查内容
1	每天	导轨润滑机构	油标、润滑泵，每天使用前手动打油润滑导轨
2	每天	导轨	清理切屑及脏物，检查滑动导轨有无划痕，以及滚动导轨润滑情况
3	每天	液压系统	油箱泵有无异常噪声，工作油面高度是否合适，压力表指示是否正常，有无泄漏
4	每天	主轴润滑油箱	油量、油质、温度有无泄漏
5	每天	液压平衡系统	工作是否正常
6	每天	气源自动分水过滤器、自动干燥器	及时清理分水过滤器中过滤出的水分，检查其压力
7	每天	电器箱散热、通风装置	冷却风扇工作是否正常，过滤器有无堵塞，及时清洗过滤器
8	每天	各种防护罩	有无松动、漏水，特别是导轨防护装置
9	每天	机床液压系统	液压泵有无噪声，压力表示数的接头有无松动，油面是否正常
10	每周	空气过滤器	坚持每周清洗一次，保持无尘、通畅，发现损坏应及时更换
11	每周	各电气柜过滤网	清洗黏附的尘土
12	半年	滚珠丝杠	清洗丝杠上的旧润滑脂，换新润滑脂
13	半年	液压油路	清洗各类阀、过滤器，清洗油箱底，换油
14	半年	主轴润滑箱	清洗过滤器、油箱，更换润滑油
15	半年	各轴导轨上镶条，压紧滚轮	按说明书要求调整松紧状态
16	一年	检查和更换电动机碳刷	检查换向器表面，去除毛刺，吹净碳粉，磨损过多的碳刷并及时更换
17	一年	冷却油泵过滤器	清洗冷却油池，更换过滤器
18	不定期	主轴电动机冷却风扇	除尘，清理异物
19	不定期	排屑器	清理切屑，检查是否卡住
20	不定期	电源	供电网络大修，停电后检查电源的相序、电压
21	不定期	电动机传动带	调整传动带松紧
22	不定期	刀库	刀库定位情况，机械手相对主轴的位置

序号	检查周期	检查部位	检查内容
23	不定期	冷却液箱	随时检查液面高度,及时添加冷却液,太脏时应及时更换

五、数控车床的基本操作

1. 数控车床开机、关机

图6-2为CK6143型数控系统操作面板。

机床开机步骤：打开强电开关→检查机床风扇、机床导轨油及气压是否正常→开启机床系统电源→（待机床登录系统后）旋开机床面板急停按钮→机床回参考点操作。

机床关机步骤：关闭机床连接外围设备（计算机）→旋紧机床面板急停按钮→关闭机床系统电源→关闭机床强电开关。

注意：在机床开机系统登录过程中，不允许操作机床界面的任何按键，防止意外清除机床系统参数；在机床关机时，应注意将机床各坐标轴停止在量程中间位置，减少因受力不平衡引起的机床硬件变形。

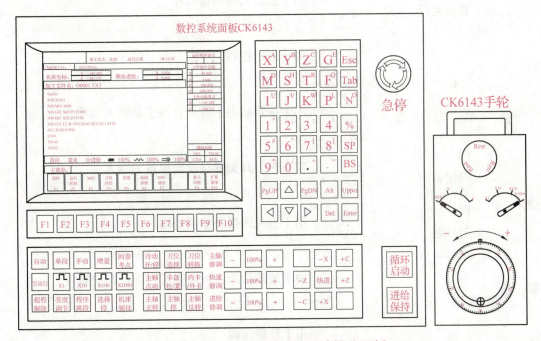

图6-2 CK6143型数控系统操作面板

2. 数控车床操作界面功能键介绍

（1）显示屏。

（2）主要功能键，如表6-3所示。

表 6-3　主要功能键

主菜单	二级菜单	功能
F1 程序	F1 程序选择	用于自动加工时当前加工程序的选用
	F2 程序编辑	用于编辑程序
	F3 新建文件	用于新建一个程序文件
	F4 保存文件	用于保存已经编辑好的程序
	F5 程序校验	用于校验程序
	F6 停止运行	用于停止运行程序
	F7 重新运行	用于重新运行当前程序
F2 运行控制		用于运行控制
F3 MDI		用于编辑状态下显示，可手动输入程序
F4 刀具补偿	F2 刀偏表	对刀时刀具偏置量及磨损量的输入
	F3 刀补表	用于刀尖圆弧补偿值的输入
F6 故障诊断		用于故障诊断，可以查看当前诊断信息等
F7 DNC 通讯		用于程序传输
F9 显示切换		用于切换显示画面
F10 返回		用于返回上一级菜单

(3) MDI 键盘介绍。

在数控仿真系统里，其控制面板上的 MDI 键盘的数据输入和菜单栏的功能选择可以通过鼠标单击面板上的按键，也可以通过电脑键盘上的按键替代控制面板上的按键输入字符。

① 常用的编辑键。

Esc 退出键：用于取消当前操作。

Tab 换挡键：用于对话框的按钮换挡。

SP 空格键：用于空格的输入。

BS 删除键：用于删除光标所在位置前面的内容。

Del 删除键：用于删除光标所在位置后面的内容。

PgUp、PgDn 翻页键：翻页和图形显示的缩放功能。

Alt 功能键：它是一个组合键，与其他的键组合成一些快捷功能。

Upper 上挡键：用于每个键上方的字符输入。

Enter 回车键：用于确认当前的操作。

地址/数字键：用于字母、数字等的输入。

、 ：用于光标的移动。

② 机床操作面板键。

a. 机床工作方式选择键。

自动：用于程序的自动加工。

单段：用于程序的单段执行。

手动：用于工作台的手动进给：由 "+X" "-X" "+Z" "-Z" 来控制进给轴和进给方向。

增量：当手轮的挡位打到 OFF 挡时，用于工作台的增量进；当手轮的挡位打到移动轴时，是手轮进给。

回参考点：用于机床返回参考点。

b. 其他的操作键。

急停：紧急停止，按下则其他的操作无效。

循环启动：在自动方式或 MDI 下，自动运行程序。

进给保持：在自动方式下，暂停执行程序。

主轴正转/反转/停：用于主轴的控制，只有在手动方式下有效。

刀位转换：手动换刀，只有在手动方式下有效。

主轴修调：用于对主轴转速的修调，修调范围 0~150%。

快速修调：修调 G00 指令快速进给速度，修调范围 0~150%。

进给修调：修调在 F 指令和手动方式下快进的进给速度，修调范围 0~150%。

手轮倍率：X1—0.001 mm/每格

　　　　　X10—0.01 mm/每格

×100—0.1 mm/每格

×1000—1 mm/每格

特别提示

手轮的 X 方向的每格移动乘以 2，其移动轴的选择、倍率的选择及手摇方向用鼠标的左、右键控制。

3. 传输程序

在实际加工过程中，机床与计算机加工程序之间的传输可通过特定的加工或传输软件来实现。

（1）打开系统传输软件，设置好传输参数，传送（注意：传输软件的传输参数必须与机床上的传输参数一一对应）。

（2）机床准备接收：数据方式下→程序→开始接收，输入程序名称，确定即可。

4. 对刀

（1）零件对刀目的。

通过对刀建立工件坐标系，找出工件原点的机械坐标值，建立机械坐标系和工件坐标系之间的联系。

（2）对刀的常用方法。

①试切法对刀。

②对刀仪对刀，数控车床对刀仪对刀如图 6-3 所示。

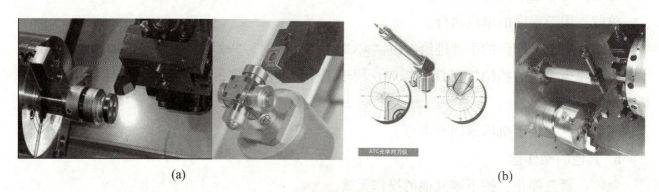

图 6-3 数控车床对刀仪对刀

(a) 机械对刀仪；(b) 光学对刀仪

（3）对刀步骤。

①选择合理的加工刀具，设定合理的切削参数。

②装刀：注意装刀原则，即在满足切削条件下刀具伸出刀套的长度尽可能小，刀具必须夹紧。

③安装工件：安装工件时必须夹紧，工件定位基准必须贴紧夹具。

④对刀操作（实际演示试切法对刀操作完整过程）。

6.3 任务实施

一、工艺过程

①粗加工外圆,留精加工余量 0.05 mm。
②精加工外圆。
③切断,达到零件图纸要求。

二、刀具与工艺参数

数控加工刀具卡、数控加工工序卡分别如表 6-4、表 6-5 所示。

表 6-4 数控加工刀具卡

项目任务			零件名称		零件图号	
序号	刀具号	刀具名称及规格	刀尖半径/mm	数量	加工表面	备注
1	T0101	90°粗、精车右偏外圆刀	0.8	1 把	外表面、端面	80°菱形刀片
2	T0202	割刀		1 把	切断	刀宽 3 mm

表 6-5 数控加工工序卡

材料	铝合金	零件图号		系统	FANUC	工序号	
操作序号	工步内容 (走刀路线)	G 功能	T 刀具	切削用量			
				主轴转速 n /(r·min^{-1})	进给率 F /(mm·r^{-1})	背吃刀量 a_p /mm	
程序	夹住棒料一头,留出长度大约 65 mm(手动操作),车端面,对刀,调用程序						
1	粗车外轮廓	G71	T0101	1500	0.1	1	
2	精车外轮廓	G70	T0101	2000	0.02	0.1	
3	切断	G01	T0202	300	0.01		
4	检测、校核						

三、装夹方案

用三爪自定心卡盘夹紧定位。

四、程序编制

程序如下：

```
O3308;
N010G99T0101;              设定每转进给量、调1号刀及刀补、建立工件坐标系
N020G00X100Z100;           设置换刀点
N030M03S1500;              启动主轴正传
N040G00X35Z5;              快速定位
N050G71U1R1;               设置粗车外圆轮廓循环参数
N060G71P70Q160U0.1W0.05F0.1;  设置粗车外圆轮廓循环参数
N070G00X0;                 循环开始
N080G01Z0F0.02;
N090G03X2.4Z-1.8R2;
N100G01Z-2.3;
N105G02X5.64Z-10R8;
N110G02X10.449Z-20R10;
N120G02X16Z-35R11;
N130G02X22Z-50R10;
N140G01X28Z-54;
N150Z-65;
N160X30;                   循环结束
N170M03S2000;              升速准备精车
N180G70P70Q160;            精车外轮廓
N190G00X100Z100;           返回换刀点
N200T0202;                 更换2号刀及坐标系
N210G00X35Z-58;            切断定位
N220M03S300;               降速准备切断
N230G01X0F0.01;            切断
N240X35F0.5;               退刀
N250G00X100Z100;           返回换刀点
N260M05;                   主轴停
N270M30;                   程序结束并返回
```

五、对刀

试切对刀，对刀坐标系存储在刀补号中。

六、加工

加工结果如图 6-4 所示。

图 6-4 宝塔零件加工实物

6.4 任务评价

1. 个人知识和技能评价

个人知识和技能评价表如表 6-6 所示。

表 6-6 个人知识和技能评价表

评价项目	任务评价内容	分值	自我评价	小组评价	教师评价	得分
项目理论知识	①编程格式及走刀路线	5				
	②基础知识融会贯通	10				
	③零件图纸分析	10				
	④制订加工工艺	10				
	⑤加工技术文件的编制	5				
项目仿真加工技能	①程序的输入	10				
	②图形模拟	10				
	③刀具、毛坯的选择及对刀	10				
	④仿真加工工件	5				
	⑤尺寸等的精度仿真检验	5				
职业素质培养	①出勤情况	5				
	②纪律	5				
	③团队协作精神	10				
合计总分		100				

2. 小组学习实例评价

小组学习实例评价表如表6-7所示。

表6-7 小组学习实例评价表

班级： 　　　　　　　小组编号： 　　　　　　　成绩：

评价项目	评价内容及评价分值			学员自评	同学互评	教师评分
分工合作	优秀（12~15分） 小组成员分工明确，任务分配合理，有小组分工职责明细表	良好（9~11分） 小组成员分工较明确，任务分配较合理，有小组分工职责明细表	继续努力（9分以下） 小组成员分工不明确，任务分配不合理，无小组分工职责明细表			
获取与项目有关质量、市场、环保等内容的信息	优秀（12~15分） 能使用适当的搜索引擎从网络等多种渠道获取信息，并合理地选择信息、使用信息	良好（9~11分） 能从网络获取信息，并较合理地选择信息、使用信息	继续努力（9分以下） 能从网络或其他渠道获取信息，但信息选择不正确，信息使用不恰当			
数控仿真加工技能操作情况	优秀（16~20分） 能按技能目标要求规范完成每项实操任务，能正确分析机床可能出现的报警信息，并对显示故障能迅速排除	良好（12~15分） 能按技能目标要求规范完成每项实操任务，但仅能部分正确分析机床可能出现的报警信息，并对显示故障能迅速排除	继续努力（12分以下） 能按技能目标要求完成每项实操任务，但规范性不够。不能正确分析机床可能出现的报警信息，不能迅速排除显示故障			
基本知识分析讨论	优秀（16~20分） 讨论热烈，各抒己见，概念准确，原理思路清晰，理解透彻，逻辑性强，并有自己的见解	良好（12~15分） 讨论没有间断，各抒己见，分析有理有据，思路基本清晰	继续努力（12分以下） 讨论能够展开，分析有间断，思路不清晰，理解不够透彻			
成果展示	优秀（24~30分） 能很好地理解项目的任务要求，成果展示逻辑性强，能熟练利用信息平台进行成果展示	良好（18~23分） 能较好地理解项目的任务要求，成果展示逻辑性强，能较熟练利用信息平台进行成果展示	继续努力（18分以下） 基本理解项目的任务要求，成果展示停留在书面和口头表达，不能熟练利用信息平台进行成果展示			
合计总分						

6.5 职业技能鉴定指导

1. 知识技能复习要点

（1）掌握简单零件图的画法。

（2）会数控车床加工工艺文件的制订。

（3）会利用通用车床夹具（如三爪自定心卡盘、四爪单动卡盘）进行零件装夹与定位。

（4）根据数控车床加工工艺文件选择、安装和调整数控车床常用刀具。

（5）掌握数控编程知识。

（6）熟悉数控车床操作说明书。

（7）掌握数控车床操作面板的使用方法。

2. 理论复习（模拟试题）

（1）未注公差尺寸应用范围是（　　）。

A. 长度尺寸

B. 工序尺寸

C. 用于组装后经过加工所形成的尺寸

D. 以上都适用

（2）零件几何要素按存在的状态分为实际要素和（　　）。

A. 轮廓要素　　　　B. 理想要素　　　　C. 被测要素　　　　D. 基准要素

（3）硬质合金的特点是耐热性（　　），切削效率高，但其刀片强度、韧性不及工具钢，焊接刃磨工艺较差。

A. 差　　　　　　　B. 一般　　　　　　C. 好　　　　　　　D. 不确定

（4）錾削时应自然地将錾子握正、握稳，其倾斜角始终保持在（　　）左右。

A. 15°　　　　　　B. 20°　　　　　　C. 35°　　　　　　D. 60°

（5）刃倾角取值愈大，切削力（　　）。

A. 减小　　　　　　B. 增大　　　　　　C. 不改变　　　　　D. 消失

（6）在加工表面、切削刀具、切削用量不变的条件下连续完成的那一部分工序内容称为（　　）。

A. 工序　　　　　　B. 工位　　　　　　C. 工步　　　　　　D. 走刀

（7）在精加工工序中，加工余量小而均匀时可选择加工表面本身作为定位基准的是（　　）。

A. 基准重合原则　　　　　　　　　　　B. 基准统一原则

C. 互为基准原则　　　　　　　　　　　D. 自为基准原则

(8) 在线加工（DNC）的意义为（　　）。

A. 零件边加工边装夹

B. 加工过程与面板显示程序同步

C. 加工过程为外接计算机在线输送程序到机床

D. 加工过程与互联网同步

(9) 车削内孔采用主偏角较小的车刀有利于减小振动。　　　　　　　　　　（　）

(10) 手摇脉冲发生器失灵肯定是机床处于锁住状态。　　　　　　　　　　（　）

3. 技能实训（真题）

见任务2~任务5的技能实训。

任务 7

SIEMENS 802S/c 系统数控车削加工简介

知识目标

1. 了解 SIEMENS 系统编程特点
2. 掌握 SIEMENS 系统编程指令（职业技能鉴定点）
3. 掌握 SIEMENS 系统循环指令应用（职业技能鉴定点）
4. 掌握制订加工工艺的方法（职业技能鉴定点）
5. 掌握 SIEMENS 系统数控车床加工仿真操作步骤

技能目标

1. 分析零件加工工艺（职业技能鉴定点）
2. 能够编写中等难度的零件加工程序编制和调试（职业技能鉴定点）
3. 会设置刀具补偿
4. 能在仿真软件中加工零件

素养目标

1. 培养学生勤于思考、刻苦钻研、勇于探索的良好作风
2. 培养学生尊敬师长、团结友爱、关心集体的高尚情操
3. 培养学生自学能力，具有独立思考及解决实际问题的能力

7.1 任务描述——应用 SIEMENS 系统加工轴类零件

加工图 7-1 所示零件，毛坯尺寸为 φ82 mm×120 mm，用外圆车刀加工其外圆。试编写其轮廓加工程序并进行加工。材料为 45 钢。

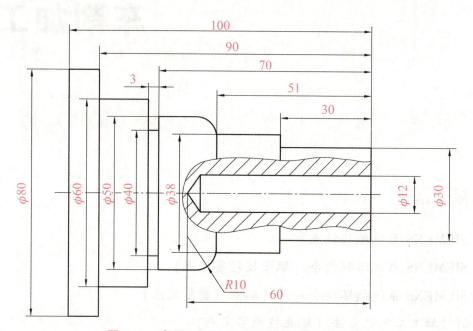

图 7-1 应用 SIEMENS 系统加工轴类零件

7.2 相关知识

一、SIEMENS 系统编程

1. 程序名

程序名开始的两个符号必须是字母，其后的符号可以是字母、数字或下划线，最多为 8 个字符，不得使用分隔符。如：RAHMEN52。

2. 程序内容

NC 程序由各个程序段组成，每一个程序段执行一个加工步骤。

程序段由若干个字组成，最后一个程序段包含程序结束符：M2。

特别提示

①一个程序段中含有执行一个工序所需的全部数据。程序段由若干个字和段结束符"LF"组成。在程序编写过程中进行换行或按输入键时可以自动产生段结束符。

②若程序段中有很多指令，则建议按如下顺序编写：

N_ G_ X_ Y_ Z_ F_ S_ T_ D_ M_

③以5或10为间隔选择程序段号，以便以后在插入程序段时不会改变程序段号的顺序。

④那些不需在每次运行中都执行的程序段可以被跳跃过去，为此，应在这样的程序段的段号字之前输入斜线符"/"。通过操作机床控制面板或者接口控制信号可以使跳跃程序段功能生效。几个连续的程序段可以通过在其所有的程序段段号之前输入斜线符"/"，从而可以被跳跃过去。在程序运行过程中，一旦跳跃程序段功能生效，则所有带"/"的程序段都不予执行，程序从下一个没带斜线符的程序段开始执行。

⑤字是组成程序段的元素，由字构成控制器的指令。字由字母地址符和数值组成。一个字可以包含多个字母，数值与字母之间用符号"="隔开。如：CR=5.23。此外，G功能也可以通过一个符号名来进行调用。如：SCALE；打开比例系数。

3. 程序结构

程序名 CXM01.MPF

程序段 字 字 字 …;　　　　　　　　注释

程序段 N10 G0 X20 …;　　　　　　　第一程序段（程序主体 N10—N40）

程序段 N20 G2 Z37 …;　　　　　　　第二程序段

程序段 N30 G91 … …;　　　　　　　…

程序段 N40 … …;

程序段 N50 M2;　　　　　　　　　　程序结束

二、常用编程指令

1. G00——快速移动点定位

机床数据中规定了每个坐标轴快速移动速度的最大值，一个坐标轴运行时就以此速度快速移动。如果快速移动同时在两个坐标轴上执行，则移动速度为两个坐标轴可能的最大速度。

用G00快速移动时在地址F下设置的进给率无效。G00为模态指令，直到被G功能组中其他的指令（G01，G02，G03，…）取代为止。

G功能组中还有其他的G指令用于定位功能。在用G60准确定位时，可以在窗口下选择不同的精度。另外，用于准确定位的还有一个单程序段方式有效指令：G9。

在进行准确定位时注意对几种方式的选择。

2. G01——直线插补

G01为模态指令，按地址F下设置的进给速度运行。直到被G功能组中其他的指令（G00，G02，G03，…）取代为止。

3. G02/G03——圆弧插补

G02为顺时针方向，G03为逆时针方向，G02和G03为模态指令。

编程格式：G02/G03 X_ Z_ I_ J_ ;　　　　　　　圆心和终点；
　　　　　G02/G03 CR=_X_ Z_ ;　　　　　　　半径和终点；
　　　　　G02/G03 AR=_I_ J_ ;　　　　　　　张角和圆心；
　　　　　G02/G03 AR=_X_ J_ ;　　　　　　　张角和终点；
　　　　　G02/G03 AP=_RP=_ ;　　　　　　　极坐标和极点圆弧。

4. G04——暂停

编程格式：

G04 F_；暂停时间（s）；

G04 S_；暂停主轴转数。

通过在两个程序段之间插入一个 G04 程序段，可以使加工中断给定的时间，比如自由切削。G04 程序段（含地址 F 或 S）只对自身程序段有效，并暂停所给定的时间。在此之前编程的进给量 F 和主轴功能 S 保持存储状态。G04 只有在受控主轴（使用 S 功能）情况下才有效。

5. G05——通过中间点圆弧插补

编程格式：G05 X_Z_IX=_KZ=_;

式中，X、Z——终点坐标；

　　　IX、KZ——中间点坐标。

如果不知道圆弧的圆心、半径或张角，但已知圆弧轮廓上 3 个点的坐标，则可以使用 G05 功能。通过起始点和终点之间的中间点位置来确定圆弧的方向。G05 为模态指令。

如：G05 X40 Z50 IX=45 KZ=40；终点（X40 Z50）和中间点（IX=45 KZ=40）。

6. G22/G23——半径/直径尺寸

G22——半径尺寸。

G23——直径尺寸。

7. G25/G26——主轴转速下/上限

编程格式：G25 S_；主轴转速下限，单位为 r/min；

　　　　　G26 S_；主轴转速上限，单位为 r/min。

8. G33——恒螺距螺纹切削

编程格式：G33 X_Z_K_SF=_;

式中，X、Z——螺纹终点坐标；

　　　K——螺距；

　　　SF——起始点偏移量。

用 G33 指令可以加工各种类型的恒螺距螺纹：圆柱螺纹、圆锥螺纹、外螺纹/内螺纹、单螺纹和多重螺纹、多段连续螺纹。前提条件是主轴上有角度位移测量系统（内置编码器）。右旋和左旋螺纹由主轴旋转方向 M3 和 M4 确定。G33 为模态指令。

【实例 7-1】圆柱双头螺纹编程实例

1. 实例描述

加工圆柱双头螺纹，起始点偏移180°，螺纹长度（包括导入空刀量和退出空刀量）100 mm，螺距4 mm。右旋螺纹，完成圆柱表面加工程序编写。

2. 编程程序

程序如下：

```
N10 G54 G0 G90 X50 Z0 S500 M3;        回起始点，主轴正转
N20 G33 Z-100 K4 SF=0;                螺距4 mm
N30 G0 X54;
N40 Z0;
N50 X50;
N60 G33 Z-100 K4 SF=180;              第2条螺纹线，180°偏移
N70 G0 X54;…
```

9. G40/G41/G42——刀尖半径补偿

G40——取消刀尖半径补偿。

G41——左刀补。

G42——右刀补。

特别提示

①刀具必须有相应的刀补号才能有效。刀尖半径补偿通过G41/G42生效。控制器自动计算出当前刀具运行所产生的、与编程轮廓等距离的刀具轨迹。

②用G40取消刀尖半径补偿，此状态也是编程开始时所处的状态。G40指令之前的程序段，刀具以正常方式结束（结束时补偿矢量垂直于轨迹终点处切线），与起始角无关。在运行G40程序段之后，刀具中心到达编程终点。在选择G40程序段编程终点时要始终确保刀具运行不会发生碰撞。

10. G54~G59/G500/G53——零点偏置

G54~G59——可设定的零点偏置。

G500——取消可设定的零点偏置。

G53——按程序段方式取消可设定的零点偏置。

G54~G59为可设定的零点偏置，给出工件零点在机床坐标系中的位置（工件零点以机床零点为基准偏移）。当工件装夹到机床上后，求出偏移量，并通过操作面板输入到规定的数据区。程序可以通过选择相应的G功能如G54~G59激活此值。

11. G9/G60/G64——准确定位/连续路径加工

G60——准确定位、模态有效。

G64——连续路径加工。

G9——准确定位、单程序段有效。

G601——精准确定位窗口。

G602——粗准确定位窗口。

特别提示

①G60 或 G9 功能生效时，当到达定位精度后，移动轴的进给速度减小到零。如果一个程序段的轴位移结束并开始执行下一个程序段，则可以设定下一个模态有效的 G 功能。

②G601 精准确定位窗口。当所有的坐标轴都到达"精准确定位窗口"（机床参数设定）后，开始进行程序段转换。

③G602 粗准确定位窗口。当所有的坐标轴都到达"粗准确定位窗口"（机床参数设定）后，开始进行程序段转换。

在执行多次定位过程时，"准确定位窗口"的如何选择将对加工运行总时间影响很大。精确调整需要较多时间。

④指令 G9 仅对自身程序段有效，而 G60 准确定位一直有效，直到被 G64 取代为止。

程序如下：

```
N5 G602;              粗准确定位窗口
N10 G0 G60 X_;        准确定位,模态方式
N20 X_;G60;           继续有效
  ⋮
N50 G1 G601_;         精准确定位窗口
N80 G64 X_;           转换到连续路径方式
  ⋮
N100 G0 G9 X_;        准确定位,单程序段有效
N110 _;               仍为连续路径方式
  ⋮
```

⑤G64 连续路径加工方式的目的就是实现在一个程序段到下一个程序段 G64 转换过程中避免进给停顿，并使其尽可能以相同的轨迹速度（切线过渡）转换到下一个程序段，并以可预见的速度过渡执行下一个程序段的功能。在有拐角的轨迹过渡时（非切线过渡），有时必须降低速度，从而保证程序段转换时不发生突然变化，或者加速度的改变受到限制（如果 SOFT 有效）。如：

```
N10 G64 G1 X_F_;      连续路径加工
N20 Z_;               继续
  ⋮
N180 G 60_;           转换到准确定位
```

12. G74——返回参考点

用 G74 指令实现 NC 程序中返回参考点功能，每个轴的方向和速度存储在机床数据中。G74 需要一独立程序段，并按此程序段方式有效。

13. G75——返回固定点

编程格式：G75 X_Z_；

式中，X、Z——固定点设置的数值；

用 G75 可以返回到机床中某个固定点，比如换刀点。固定点位置固定地存储在机床数据中，不会产生偏移。每个轴的返回速度就是其快速移动速度。G75 需要一独立程序段，并按此程序段方式有效。在 G75 后的程序段中，原先的"插补方式"组中的 G 指令（G00，G01，G02，…）将再次生效。

14. G90/G91——绝对尺寸/相对尺寸编程

G90——绝对尺寸编程。

G91——相对尺寸编程。

X = AC（_）；X 轴以绝对尺寸编程。

X = IC（_）；X 轴以相对尺寸编程。

G90/G91 适用于所有坐标轴，为模态指令，在不同位置的设置时，可以在程序段中通过 AC/IC 以绝对尺寸/相对尺寸编程方式进行。这两个指令不决定到达终点位置的轨迹，其轨迹由 G 功能组中的其他 G 功能指令决定。

15. F——进给率

编程格式：G94 功能下，F 为直线进给率，单位为 mm/min；

G95 功能下，F 为旋转进给率，单位为 mm/r（只有主轴旋转时才有意义）。

16. S——主轴功能

当机床具有受控主轴时，主轴的转速可以设置在地址 S 下，单位为 r/min。旋转方向和主轴运动起始点和终点通过 M 指令来规定。

17. SPOS——主轴定位

编程格式：SPOS=_；   角度位置为 0°~360°。

主轴必须设计成可以进行角度的位置控制。利用指令 SPOS 可以把主轴定位到一个确定的转角位置，然后主轴通过位置控制保持在这一位置。定位运行速度在机床参数中规定。从主轴旋转状态（顺时针/逆时针旋转）进行定位时定位运行方向保持不变；从主轴静止状态进行定位时定位运行按最短位移进行，方向从起始点位置到终点位置。例外的情况是主轴首次运行，也就是说测量系统还没有进行同步。此种情况下，可在机床参数中规定定位运行方向。主轴定位运行可以与同一程序段中的坐标轴运行同时发生。当两种运行都结束以后，此程序段才结束。如：

N10 SPOS=14.3；   主轴位置 14.3°

⋮

N80 G0 X89 Z300 SPOS=25.6；主轴定位运行与坐标轴运行同时进行。所有运行都结束以后，程序段才结束。

N81 X200 Z300;   N80 中主轴位置到达以后开始执行 N81 程序段

18. T——刀具功能

编程 T 指令可以选择刀具。在此，是用 T 指令直接更换刀具还是仅进行刀具的预选，必须要在机床数据中确定。

（1）用 T 指令直接更换刀具（刀具调用）；

（2）仅用 T 指令预选刀具，另外还要用 M6 指令才可进行刀具的更换。

特别提示

①在选用一个刀具后，程序的运行结束以及系统的关机/开机对此均没有影响，该刀具一直保持有效。如果手动更换一刀具，则更换情况必须要输入到系统中，从而使系统可以正确地识别该刀具。例如，可以在 MDA 方式下启动一个带新的 T 指令的程序段。

②刀具号 T 取值：1~32 000，T0 表示没有刀具。

19. D——刀具补偿号

编程 D 指令可以选择刀具补偿号。

特别提示

①一个刀具可以匹配从 1~9 几个不同补偿的数据组（用于多个切削刃）。另外可以用 D 及其对应的序号设置一个专门的切削刃。如果没有编写 D 指令，则 D1 自动生效。如果设置 D0，则刀具补偿值无效。

②刀具调用后，刀具长度补偿立即生效；如果没有设置 D 号，则 D1 自动生效。先设置的刀具长度补偿先执行，对应的坐标轴也先运行。注意有效平面 G17~G19，刀具半径补偿必须与 G41/G42 一起执行。

三、子程序

1. 应用

原则上讲主程序和子程序之间并没有区别。用子程序编写经常重复进行的加工，例如，某一确定的轮廓形状。子程序位于主程序中适当的地方，在需要时进行调用、运行。加工循环是子程序的一种形式，其包含一般通用的加工工序，如钻削、攻丝、铣槽等。通过给规定的计算参数赋值就可以实现各种具体的加工。

2. 结构

子程序的结构与主程序的结构一样，在子程序的最后一个程序段中也是用 M2 结束程序运行。子程序结束后返回主程序。

3. 子程序结束

子程序结束用 M2/RET/M17 指令结束子程序，要求占用一个独立的程序段。

用 RET 指令结束子程序、返回主程序时不会中断 G64 连续路径的运行方式。用 M2 指令则会中断 G64 的运行方式，并进入停止状态。

4. 子程序名

子程序名与主程序中的程序名的选取方法一样,如:AHMEN 7。另外,在子程序中还可以使用地址字 L_,其后的值可以有 7 位(只能为整数)。

5. 子程序调用

在一个程序中(主程序或子程序)可以直接用程序名调用子程序,子程序调用要求占用一个独立的程序段。如:

N10 L785;　　　　　调用子程序 L785

N20 AHMEN7;　　　　调用子程序 LRAHMEN7

6. 程序重复调用次数

如果要求多次、连续地执行某一子程序,则在设置时必须在所调用子程序的程序名后的地址 P 下写入调用次数,最大调用次数可以为 9 999(P1~P9999)。

如:

N10 L785 P3;　　调用子程序 L785,运行 3 次

7. 嵌套深度

子程序不仅可以从主程序中调用,也可以从其他子程序中调用,这个过程称为子程序的嵌套。子程序的嵌套深度可以为 3 层,也就是四级程序界面(包括主程序界面)。在使用加工循环进行加工时,要注意加工循环程序也同样属于四级程序界面中的一级。

8. 说明

在子程序中可以改变模态有效的 G 功能,比如 G90~G91 的变换。在返回调用程序时,注意检查所有模态有效的功能指令,并按照要求进行调整。对于 R 参数也需同样注意,不要无意识地用上级程序界面中所使用的计算参数来修改下级程序界面中的计算参数。

【实例 7-2】 子程序应用

程序如下:

```
LF10.MPF;              主程序名称
G54 T1 D0 G90;         建立工件坐标系,调用1号刀具
G00X100Z100;
M03S800;               主轴正转
G00 X60 Z10;
G01 X70 Z8 F0.1;
X-2;
G0 X70;
L10 P3;                呼叫子程序 L10.SPF 3 次
G0Z50;
M05;
M02;
```

```
L10.SPF;                     子程序名称
M03S600;
G91;
G01 X-25 F0.1;
X6 Z-3;
Z-23.5;
X15 Z-20.5;
G02 X0 Z-71.62 CR=55;
G03 X0 Z-51.59 CR=44;
G01 Z-6.37;
X14;
X6 Z-3;
Z-12;
X10;
X-32 Z194;
G90;
M02;                         返回到主程序
```

四、固定循环指令

1. LCYC82——钻削/沉孔加工

功能：刀具以设置的主轴转速和进给率钻孔，直至到达最终钻削深度。在到达最终钻削深度时可以设置一个停留时间。退刀时以快速移动速度进行。

调用：LCYC82。

LCYC82 循环参数说明如表 7-1 所示。

表 7-1 LCYC82 循环参数说明

参数	含义	说明
R101	返回平面（绝对坐标）	返回平面确定循环结束之后钻削轴的位置，用来移动到下一位置继续钻孔
R102	安全高度	安全距离只对参考平面而言，循环可以自动确定安全距离的方向
R103	参考平面（绝对坐标）	参数 R103 所确定的参考平面就是图纸中所标明的钻削起始点
R104	最后钻深（绝对值）	确定钻削深度，它取决于工件零点
R105	在最后钻削深度的停留时间	设置此深度处（断屑）的停留时间（s）

> **特别提示**
> ①循环开始之前的位置是调用程序中最后所回的钻削位置。
> ②循环的时序过程：用 G0 回到参考平面加安全距离处→按照调用程序中设置的进给率以 G1 进行钻削，直至最终钻削深度→执行此深度停留时间→以 G0 退刀，回到返回平面。

【实例 7-3】

程序如下：

```
N10 G0 G90 F500 T2 D1 S500 M3;          规定一些参数值
N20 X0 Z50;                              回到钻孔位
N30 R101=110 R102=4 R103=102 R104=75;   设定参数
N35 R105=2;                              设定参数
N40 LCYC82;                              调用循环
N50 M2;                                  程序结束
```

2. LCYC83——深孔钻削

功能：深孔钻削循环通过分步钻入达到最后的钻深，钻头可以在每次进给深度完以后回到安全距离用于排屑，或者每次退回 1mm 用于断屑。

调用：LCYC83。

深孔钻削 LCYC83 参数如图 7-2 所示，LCYC83 循环参数说明如表 7-2 所示。

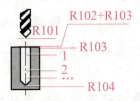

图 7-2 深孔钻削 LCYC83 参数

表 7-2 LCYC83 循环参数说明

参数	含义	说明
R101	返回平面（绝对坐标）	返回平面确定了循环结束之后钻削加工轴的位置。循环以位于参考平面之前的返回平面为出发点，因此从返回平面到钻深的距离也较大
R102	安全距离（无符号）	安全距离只对参考平面而言，循环可以自动确定安全距离的方向
R103	参考平面（绝对坐标）	参数 R103 所确定的参考平面就是图纸中所标明的钻削起始点
R104	最后钻深（绝对值）	最后钻深以绝对值设置，与循环调用之前的状态 G90 或 G91 无关
R105	在此钻削深度的停留时间（断屑）	设置到深度处的停留时间（s）
R107	钻削进给率	通过这两个参数设置了第一次钻深及其后钻削的进给率
R108	首钻进给率	

续表

参数	含义	说明
R109	在起始点和排屑时停留时间	可以设置起始点停留时间。只有在"排屑"方式下才执行在起始点处的停留时间
R110	首钻深度（绝对值）	确定第一次钻削行程的深度
R111	每次切削量（无符号）	①确定每次切削量的大小，从而保证以后的钻削量小于当前的钻削量 ②用于第二次钻削的量如果大于所设置的递减量，则第二次钻削量应等于第一次钻削量减去递减量。否则，第二次钻削量就等于递减量 ③当最后的剩余量大于两倍的递减量时，在此之前的最后钻削量应等于递减量，所剩下的最后剩余量平分为最终两次钻削行程。如果第一次钻削量的值与总的钻削深度量相矛盾，则产生报警：61107"第一次钻深错误定义"从而不执行循环
R127	加工方式：断屑 = 0；排屑 = 1	值为0：钻头在到达每次钻削深度后上提1 mm空转，用于断屑 值为1：每次钻深后钻头返回到参考平面加安全距离处，以便排屑

特别提示

①循环开始之前的位置是调用程序中最后所回的钻削位置。

②循环的时序过程：用G0回到参考平面加安全距离处→用G1执行第一次钻深，钻深进给率是调用循环之前所设置的进给率→执行钻深停留时间（参数R105）→用G1按所设置的进给率执行下一次钻深切削，该过程一直进行下去，直至到达最终钻削深度→用G0返回到返回平面。

a. 在断屑时：用G1按调用程序中所设置的进给率从当前钻深上提1 mm，以便断屑。

b. 在排屑时：用G0返回到参考平面加安全距离处，以便排屑；执行起始点停留时间（参数R109），然后用G0返回上次钻深，但留出一个前置量（此量的大小由循环内部计算所得）。

【实例7-4】钻孔编程实例

1. 实例描述

完成图7-3所示的钻孔程序编写。

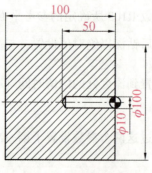

图7-3 钻孔实例

2. 编写程序

程序如下：

```
ZK01.MPF;
N10 T1D1;                          刀具补偿设定
N20 G0 X120 Z50;
N30 M3 S500;
N40 M8;
N50 X0 Z50;
N60 R101=50.000 R102=2.000;        设定循环参数
N70 R103=0.000   R104=-50.000;
N80 R105=0.000   R107=200.000;
N90 R108=100.000 R109=0.000;
N100 R110=-5.000 R111=2.000;
N110 R127=1.000;
N120 LCYC83;                       执行钻孔循环 LCYC83
N130 G0 X200 Z200;
N140 M5 M9;
N150 M2;
```

3. LCYC840——带补偿夹具螺纹切削

功能：刀具按照设置的主轴转速和方向加工螺纹，攻丝的进给率可以从主轴转速计算得出。该循环可以用于带补偿夹具和主轴实际值编码器的内螺纹切削。循环中可以自动转换旋转方向。

调用：LCYC840。

LCYC840 循环参数说明如表 7-3 所示。

表 7-3 LCYC840 循环参数说明

参数	含义	说明
R101	返回平面（绝对坐标）	退回平面确定了循环结束之后钻削加工轴的位置
R102	安全距离	安全距离只对参考平面而言，由于有安全距离，故参考平面被提前了一个安全距离量。循环可以自动确定安全距离的方向
R103	参考平面（绝对坐标）	参数 R103 所确定的参考平面就是图纸中所标明的钻削起始点
R104	最后攻丝深度（绝对值）	此参数确定钻削深度，它取决于工件零点
R106	螺纹导程值范围：0.001～20 000 mm	螺纹导程值
R126	攻丝时主轴旋转方向 3（用于 M3），4（用于 M4）	攻丝时主轴旋转方向 3（用于 M3），4（用于 M4）

> **特别提示**
>
> ①循环开始之前的位置是调用程序中最后所回的钻削位置。
>
> ②循环的时序过程：用 G0 回到参考平面加安全距离处→用 G33 切内螺纹，直至到达最终攻丝深度→用 G33 退刀，回到参考平面加安全距离处→用 G0 返回到返回平面。

【实例 7-5】

1. 实例描述

用此程序 X0 处攻一螺纹，攻丝轴为 Z 轴。必须给定 R126 主轴旋转方向参数。加工时使用补偿夹具。在调用程序中给定主轴转速。

2. 编写程序

程序如下：

```
N10 G0 G17 G90 S300 M3 D1 T1;              规定一些参数值
N20 X0 Z60;                                 回到攻丝孔位
N30 R101=60 R102=2 R103=56 R104=15;        设定参数
N40 R106=0.5 R126=3;                        设定参数
N45 LCYC840;                                调用循环
N50 M2;                                     程序结束
```

4. LCYC85——镗孔

功能：刀具以给定的主轴转速和进给速度镗孔，直至最终深度。如果到达最终深度，则可以设置一个停留时间。进刀及退刀运行分别按照相应参数设置的进给率速度进行。

调用：LCYC85。

LCYC85 循环参数说明如表 7-4 所示。

表 7-4　LCYC85 循环参数说明

参数	含义	说明
R101	返回平面（绝对坐标）	与 LCYC82 相同
R102	安全距离	
R103	参考平面（绝对坐标）	
R104	最后钻深（绝对值）	
R105	在最后镗孔深度处的停留时间	
R107	镗孔进给率	确定镗孔时的进给率大小
R108	退刀时进给率	确定退刀时的进给率大小

> **特别提示**
>
> ①循环开始之前的位置是调用程序中最后所回的钻削位置。
>
> ②循环的时序过程：用 G0 回到参考平面加安全距离处→用 G1 以 R107 参数设置的镗孔进

给率加工到最终镗孔深度→执行最终镗孔深度的停留时间→用 G1 以退刀进给率返回到参考平面加安全距离处。

【实例 7-6】没有设置停留时间

程序如下：

N10 G0 G90 G18 F1000 S500 M3 T1 D1;	规定一些参数值
N20 Z110 X0;	回到镗孔位
N30 R101=105 R102=2 R103=102 R104=77;	设定参数
N35 R105=0 R107=200 R108=400;	设定参数
N40 LCYC85;	调用循环
N50 M2;	程序结束

5. LCYC93——切槽循环

功能：在圆柱形工件上，不管是进行纵向加工还是进行横向加工，均可以利用切槽循环对称加工出切槽，包括外部切槽和内部切槽。

调用：LCYC93。

切槽循环 LCYC93 参数如图 7-4 所示，LCYC93 循环参数说明如表 7-5 所示。

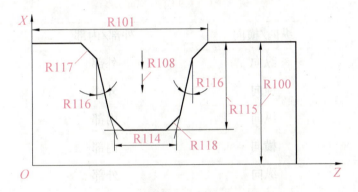

图 7-4 切槽循环 LCYC93 参数

表 7-5 LCYC93 循环参数说明

参数	含义	说明
R100	横向坐标轴起始点	横向坐标轴起始点参数，规定 X 轴方向切槽起始点直径
R101	纵向坐标轴起始点	纵向坐标轴起始点参数，规定 Z 轴方向切槽起始点
R105	加工类型，数值 1~8	确定加工方式，LCYC93 循环加工类型如表 7-6 所示
R106	精加工余量（无符号）	精加工余量参数。切槽精加工时参数 R106 设定其精加工余量
R107	刀具宽度（无符号）	刀具宽度参数。该参数确定刀具宽度，实际所用的刀具宽度必须与此参数相符。如果实际所用刀具宽度大于 R107 的值，则会使实际所加工的切槽大于设置的切槽从而导致轮廓损伤，这种损伤是循环所不能监控的。如果设置的刀具宽度大于槽底的切槽宽度，则循环中断并产生报警：61602 "刀具宽度错误定义"

续表

参数	含义	说明
R108	切入深度（无符号）	切入深度参数。通过在 R108 中设置进刀深度可以把切槽加工分成许多个切深进给。在每次切深之后刀具上提 1 mm，以便断屑
R114	槽宽（无符号）	切槽宽度参数。切槽宽度是指槽底（不考虑倒角）的宽度值
R115	槽深（无符号）	切槽深度参数
R116	角度范围：0~89.999°	螺纹啮合角参数。R116 的参数值确定切槽齿面的斜度，值为 0 时表明加工一个与轴平行的切槽（矩形形状）
R117	槽沿倒角	槽沿倒角参数。R117 确定槽口的倒角
R118	槽底倒角	槽底倒角参数。R118 确定槽底的倒角。如果通过该参数下的设置值不能生成合理的切槽轮廓，则程序中断并产生报警：61603 "切槽形状错误定义"
R119	槽底停留时间	槽底停留时间参数。R119 下设定合适的槽底停留时间，其最小值至少为主轴旋转一转所用的时间

表 7-6　LCYC93 循环加工类型

数值	纵向/横向	外部/内部	起始点位置
1	纵向	外部	左边
2	横向	外部	左边
3	纵向	内部	左边
4	横向	内部	左边
5	纵向	外部	右边
6	横向	外部	右边
7	纵向	内部	右边
8	横向	内部	右边

特别提示

①循环开始之前的位置是调用程序中最后所回的钻削位置。

②循环的时序过程：循环开始之前所到达的位置为位置任意，但须保证每次回该位置进行切槽加工时不发生刀具碰撞。

该循环具有如下时序过程：用 G0 回到循环内部所计算的起始点→切深进给→切宽进给。

切深进给：在坐标轴平行方向进行粗加工直至槽底，同时要注意精加工余量；每次切深之后要空运行，以便断屑。

切宽进给：每次用 G0 进行切宽进给，方向垂直于切深进给，其后将重复切深加工的粗加工过程。深度方向和宽度方向的进刀量以可能的最大值均匀地进行划分。在有要求的情况下，齿面的粗加工将沿着切槽宽度方向分多次进刀。用调用循环之前所设置的进给值从两边精加工整个轮廓，直至槽底中心。

【实例 7-7】切槽编程实例

1. 实例描述

加工工件如图 7-5 所示，完成槽加工程序的编写。未注倒角均为 5 mm。

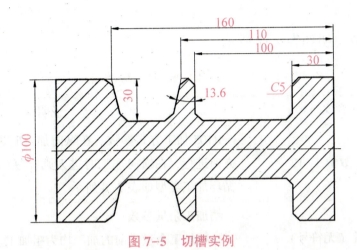

图 7-5 切槽实例

2. 编写程序

程序如下：

CAO50.MPF；

G54 G0 X0 Z0 M3 S1000 T01 D01；

G0　X100；

Z-50；

R100=100 R101=-100 R105=1；　　　　　　设定切槽循环参数

R106=0 R107=3 R108=5；

R114=70 R115=30 R116=0；

R117=5 R118=5 R119=1；

LCYC93；　　　　　　　　　　　　　　　调用切槽循环

G0 X120；

Z-50；

R100=100 R101=-110 R105=5；　　　　　　设定切槽循环参数

R106=0 R107=3 R108=5；

R114=50 R115=30 R116=13.6；

R117=5 R118=5 R119=0.5；

LCYC93；　　　　　　　　　　　　　　　切槽循环

T01D00；　　　　　　　　　　　　　　　退刀补

M5；

M2；　　　　　　　　　　　　　　　　　程式结束

6. LCYC95——毛坯切削循环

功能：用此循环可以在坐标轴平行方向上加工由子程序设置的轮廓，可以进行纵向和横向加工，也可以进行内、外轮廓的加工。可以选择不同的切削工艺方式：粗加工、精加工或者综合加工。只要刀具不会发生碰撞就可以在任意位置调用此循环。调用循环之前，必须在所调用的程序中已经激活了刀具补偿参数。

调用：LCYC95。

LCYC95 循环参数说明如表 7-7 所示。

表 7-7　LCYC95 循环参数说明

参数	含义	说明
R105	加工类型：数值 1~12	R105 加工方式参数。在纵向加工时进刀总是在横向坐标轴方向进行，在横向加工时进刀则在纵向坐标轴方向。LCYC95 循环加工类型如表 7-8 所示
R106	精加工余量（无符号）	精加工余量参数 在精加工余量之前的加工均为粗加工。如果没有设置精加工余量，则一直进行粗加工，直至最终轮廓
R108	切入深度（无符号）	切入深度参数。设定粗加工最大进刀深度，但当前粗加工中所用的进刀深度则由循环自动计算出来
R109	粗加工切入角	粗加工切入角参数
R110	粗加工时的退刀量	粗加工时退刀量参数。坐标轴平行方向的每次粗加工之后均须从轮廓退刀，然后用 G0 返回到起始点。由参数 R110 确定退刀量的大小
R111	粗切进给率	粗加工进给率参数。加工方式为精加工时该参数无效
R112	精切进给率	精加工进给率参数。加工方式为粗加工时该参数无效

表 7-8　LCYC95 循环加工类型

数值	纵向/横向	外部/内部	粗加工/精加工/综合加工
1	纵向	外部	粗加工
2	横向	外部	粗加工
3	纵向	内部	粗加工
4	横向	内部	粗加工
5	纵向	外部	精加工
6	横向	外部	精加工

续表

数值	纵向/横向	外部/内部	粗加工/精加工/综合加工
7	纵向	内部	精加工
8	横向	内部	精加工
9	纵向	外部	综合加工
10	横向	外部	综合加工
11	纵向	内部	综合加工
12	横向	内部	综合加工

特别提示

①轮廓定义：在一个子程序中设置待加工的工件轮廓，循环通过变量_CNAME名下的子程序名调用子程序。

轮廓由直线或圆弧组成，并可以插入圆角和倒角。设置的圆弧段最大可以为1/4圆。轮廓的编程方向必须与精加工时所选择的加工方向一致。

对于加工方式为"端面、外部轮廓加工"的轮廓必须按照从P8（35，120）到P0（100，40）的方向编程。时序过程循环开始之前所到达的位置：位置任意，但须保证从该位置回轮廓起始点时不发生刀具碰撞。该循环具有如下时序过程：粗加工→精加工。

②粗切削：用G0在两个坐标轴方向同时回循环加工起始点（内部计算），按照参数R109下设置的角度进行深度进给，在坐标轴平行方向用G1和参数R111下设置的进给率回粗切削交点，用G1/G2/G3按参数R111下设置的进给率进行粗加工，直至沿着"轮廓+精加工余量"加工到最后一点，在每个坐标轴方向按参数R110下设置的退刀量（mm）退刀并用G0返回。重复以上过程，直至加工到最后深度。

③精加工：用G0按不同的坐标轴分别回循环加工起始点，用G0在两个坐标轴方向同时回轮廓起始点，用G1/G2/G3按参数R112下设置的进给率沿着轮廓进行精加工，用G0在两个坐标轴方向同时回循环加工起始点。

在精加工时，循环内部自动激活刀尖半径补偿。起始点循环自动地计算加工起始点。在粗加工时两个坐标轴同时回循环加工起始点；在精加工时则按不同的坐标轴分别回循环加工起始点，首先运行的是进刀坐标轴。

"综合加工"加工方式中，在最后一次粗加工之后，不再回到内部计算起始点。

【实例7-8】外圆编程实例

1. 实例描述

加工工件如图7-6所示，完成零件外圆粗、精加工程序编写。

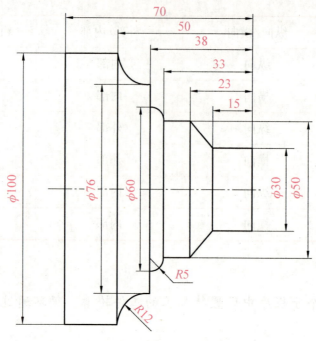

图 7-6 外圆加工实例

2. 编写程序

程序如下：

```
LC95.MPF;                          主程序名称
G500 S500 M3 F0.4 T01 D01;         工件基本设定
Z2 X142 M8;
_CNAME="L01";                      定义毛坯切削循环参数
R105=1 R106=1.2 R108=5 R109=7;
R110=1.5 R111=0.4 R112=0.25;
LCYC95;                            调用毛坯切削循环
T02D01;                            换刀
R105=5 R106=0;                     定义毛坯切削循环参数
LCYC95;                            调用毛坯切削循环
G0 G90 X120;
Z120 M9;
M2;
L01.SPF;                           调用子程序
G0 X30 Z2;
G01 Z-15 F0.3;
X50 Z-23;
Z-33;
G03 X60 Z-38 CR=5;
G01 X76;
G02 X88 Z-50 CR=12;
M02;                               回到主程序
```

7. LCYC97——螺纹切削循环

功能：用螺纹切削循环可以按纵向或横向加工成形状为圆柱体或圆锥体的外螺纹或内螺纹，并且既能加工单线螺纹也能加工多线螺纹。切削进刀深度可设定。

左旋螺纹/右旋螺纹由主轴的旋转方向确定，其必须在调用循环之前的程序中编入。在螺纹加工期间，进给调整和主轴调整开关均无效。

调用：LCYC97。

螺纹切削循环LCYC97参数如图7-7所示，LCYC97循环参数说明如表7-9所示。

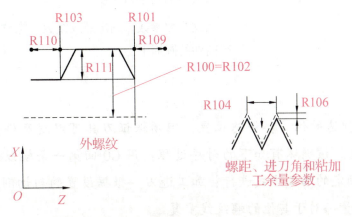

图7-7　螺纹切削循环LCYC97参数

表7-9　LCYC97循环参数说明

参数	含义	说明
R100	螺纹起始点直径	螺纹起始点直径参数，纵向轴螺纹起始点参数。这两个参数分别用于确定螺纹在X轴和Z轴方向上的起始点
R101	纵向轴螺纹起始点	
R102	螺纹终点直径	螺纹终点直径参数，纵向轴螺纹终点参数。参数R102和R103确定螺纹终点。若是圆柱螺纹，则其中必有一个数值等同于R100或R101
R103	纵向轴螺纹终点	
R104	螺纹导程值（无符号）	螺纹导程值参数。螺纹导程值为坐标轴平行方向的数值，不含符号
R105	加工类型数值：1，2	加工方式参数。R105=1：外螺纹；R105=2：内螺纹
R106	精加工余量（无符号）	精加工余量参数。螺纹深度减去参数R106设定的精加工余量后剩下的尺寸划分为几次粗切削进给。精加工余量是指粗加工之后的切削进给量
R109	空刀导入量（无符号）	空刀导入量参数，空刀退出量参数。参数R109和R110用于循环内部计算空刀导入量和空刀退出量，循环中设置起始点提前一个空刀导入量，设置终点延长一个空刀退出量
R110	空刀退出量（无符号）	
R111	螺纹深度（无符号）	螺纹深度参数

续表

参数	含义	说明
R112	起始点角度偏移（无符号）	起始点角度偏移参数。由该角度确定车削件圆周上第一条螺纹线的切削切入点位置，即确定真正的加工起始点，范围为0.0001°~359.999°。如果没有说明起始点的偏移量，则第一条螺纹线自动地从0°位置开始加工
R113	粗切削次数	粗切削次数参数。循环根据参数R105和R111自动地计算出每次切削的进刀深度
R114	螺纹线数	螺纹线数参数。确定螺纹线数、螺纹线数应该对称地分布在车削件的圆周上

特别提示

调用循环之前所到达的位置：任意位置，但须保证刀具可以没有碰撞地回到所设置的螺纹起始点+导入空刀量。该循环有如下的时序过程：用G0回第一条螺纹线空刀导入量的起始处→按照参数R105确定的加工方式进行粗加工进刀→根据设置的粗切削次数重复螺纹切削→用G33切削精加工余量→对于其他的螺纹线重复整个过程。

【实例7-9】螺纹循环LCYC97编程实例

1. 实例描述

加工工件如图7-8所示，完成螺纹零件加工程序编写。

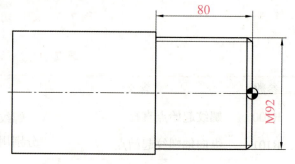

图7-8 螺纹循环LCYC97实例

2. 编写程序

程序如下：

```
LWZ11.MPF;
G54 M03 S1000;                          建立工件坐标系
G00 X100 Z100;                          设置换刀点
T01 D01;                                调1号刀及刀补
G00 X100 Z5;                            快速到螺纹循环的起始点
R100=96 R101=0 R102=100 R103=-100;      定义螺纹切削参数
R104=2 R105=1 R106=0.5;
R109=15 R110=35 R111=15;
R112=0 R113=7 R114=1;
LCYC97;                                 调用螺纹切削
M5;
M2;
```

7.3 任务实施

一、工艺过程

①粗加工外圆,留精加工余量 1 mm。
②精加工外圆,达到零件图纸要求。

二、刀具与工艺参数

数控加工刀具卡、数控加工工序卡分别如表 7-10、表 7-11 所示。

表 7-10 数控加工刀具卡

项目任务			零件名称		零件图号	
序号	刀具号	刀具名称及规格	刀尖半径/mm	数量	加工表面	备注
1	T1	外圆粗车刀		1把	粗车外圆	
2	T2	外圆精车刀		1把	精车外圆	
3	T3	割刀		1把	切槽	
4	T4	钻头		1个	钻孔	

表 7-11 数控加工工序卡

材料	45钢	零件图号	系统	FANUC	工序号	
操作序号	工步内容 (走刀路线)	G 功能	T 刀具	切削用量		
				主轴转速 n /(r·min^{-1})	进给率 F /(mm·r^{-1})	背吃刀量 a_p /mm
程序	夹住棒料一头,留出长度大约 65 mm(手动操作),车端面,对刀,调用程序					
1	粗车外圆	LCYC95	T1	1 000	0.4	5
2	精车外圆	LCYC95	T2	1 000	0.25	0.25
3	切槽	G01	T3	600	0.05	
4	钻孔	LCYC83	T4	600	0.5	
5	检测、校核					

三、装夹方案

用三爪自定心卡盘夹紧定位。

四、程序编制

程序如下：

```
SM.MPF;                                    主程序
N0010 G54 G95 T1 D1;                       调用1号粗车刀刀具
N0020 G0 X200 Z200;
N0030 M3 S1000;
N0040 M8;
N0050 _CNAME="L03";                        设定外径粗车削循环参数
N0060 R105=1 R106=1.2 R108=5 R109=7;
N0070 R110=1.5 R111=0.4 R112=0.25;
N0080 LCYC95;                              调用粗车削循环
N0090 T02D01;                              调用2号精车刀
N0100 X100 Z2;
N0110 R105=5 R106=0;
N0120 LCYC95;                              调用精车削循环
N0130 G00 X200 Z200;
N0140 T2 D0;                               取消刀补
N0150 T3 D1;                               调用3号割槽刀
N0160 M3 S600;
N0170 X84 Z-73;                            靠近工件,割槽
N0180 G1 X40 F0.05;
N0190 G0 X100;
N0200 Z200;
N0210 T3 D0;                               取消刀补
N0220 T4 D1;                               调用4号深孔钻
N0230 X0 Z2;
N0240 R101=50.000  R102=2.000;             设定外深孔钻循环参数
N0250 R103=0.000   R104=-60.000;
N0260 R105=0.000   R107=0.500;
N0270 R108=0.400 R109=0.000;
```

```
N0280 R110=-5.000 R111=2.000;
N0290 R127=1.000;
N0300 LCYC83;                        钻深孔
N0310 G0 Z50;
N0320 X200 Z200;
N0330 T4 D0;                         取消刀补
N0340 M5;
N0350 M2;                            主程序结束并返回
L03.SPF;                             调用子程序
N0010 G00 Z2 X30;                    子程序路径开始
N0020 G1 Z-30 F0.2;
N0030 X38;
N0040 Z-51;
N0050 G3 Z-60 X50 CR=10;
N0060 G01 Z-73;
N0070 X60;
N0080 Z-90;
N0090 X84;
N0100 G0 Z2;
N0110 RET;                           返回到主程序
```

五、对刀

试切对刀，对刀坐标系存储在 G54 中。

六、加工

利用仿真系统的程序完成自动校验、模拟加工及检测功能。

1. 个人知识和技能评价

个人知识和技能评价表如表 7-12 所示。

表 7-12 个人知识和技能评价表

评价项目	任务评价内容	分值	自我评价	小组评价	教师评价	得分
项目理论知识	①编程格式及走刀路线	5				
	②基础知识融会贯通	10				
	③零件图纸分析	10				
	④制订加工工艺	10				
	⑤加工技术文件的编制	5				
项目仿真加工技能	①程序的输入	10				
	②图形模拟	10				
	③刀具、毛坯的选择及对刀	10				
	④仿真加工工件	5				
	⑤尺寸等的精度仿真检验	5				
职业素质培养	①出勤情况	5				
	②纪律	5				
	③团队协作精神	10				
合计总分		100				

2. 小组学习实例评价

小组学习实例评价表如表 7-13 所示。

表 7-13 小组学习实例评价表

班级：　　　　　　　小组编号：　　　　　　　成绩：

评价项目	评价内容及评价分值			学员自评	同学互评	教师评分
分工合作	优秀（12~15 分）	良好（9~11 分）	继续努力（9 分以下）			
	小组成员分工明确，任务分配合理，有小组分工职责明细表	小组成员分工较明确，任务分配较合理，有小组分工职责明细表	小组成员分工不明确，任务分配不合理，无小组分工职责明细表			
获取与项目有关质量、市场、环保等内容的信息	优秀（12~15 分）	良好（9~11 分）	继续努力（9 分以下）			
	能使用适当的搜索引擎从网络等多种渠道获取信息，并合理地选择信息、使用信息	能从网络获取信息，并较合理地选择信息、使用信息	能从网络或其他渠道获取信息，但信息选择不正确，信息使用不恰当			

续表

评价项目	评价内容及评价分值			学员自评	同学互评	教师评分
数控仿真加工技能操作情况	优秀（16~20分） 能按技能目标要求规范完成每项实操任务，能正确分析机床可能出现的报警信息，并对显示故障能迅速排除	良好（12~15分） 能按技能目标要求规范完成每项实操任务，但仅能部分正确分析机床可能出现的报警信息，并对显示故障能迅速排除	继续努力（12分以下） 能按技能目标要求完成每项实操任务，但规范性不够。不能正确分析机床可能出现的报警信息，不能迅速排除显示故障			
基本知识分析讨论	优秀（16~20分） 讨论热烈，各抒己见，概念准确，原理思路清晰，理解透彻，逻辑性强，并有自己的见解	良好（12~15分） 讨论没有间断，各抒己见，分析有理有据，思路基本清晰	继续努力（12分以下） 讨论能够展开，分析有间断，思路不清晰，理解不够透彻			
成果展示	优秀（24~30分） 能很好地理解项目的任务要求，成果展示逻辑性强，能熟练利用信息平台进行成果展示	良好（18~23分） 能较好地理解项目的任务要求，成果展示逻辑性强，能较熟练利用信息平台进行成果展示	继续努力（18分以下） 基本理解项目的任务要求，成果展示停留在书面和口头表达，不能熟练利用信息平台进行成果展示			
合计总分						

7.5 职业技能鉴定指导

技能实训（真题）

SIEMENS 系统数控车削加工练习。

任务描述：加工工件如图7-9所示，试在数控机床上编写程序与加工操作，工件为φ45 mm铝棒或塑料棒，并完成7-14、表7-15所示的数控加工刀具卡、数控加工工序卡的填写。

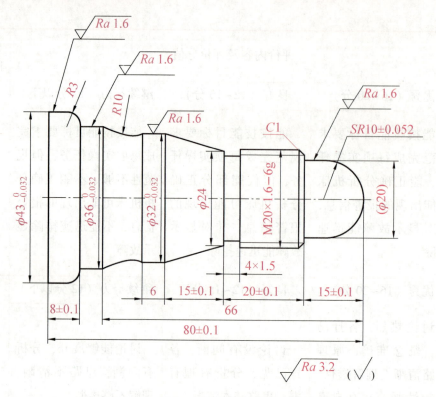

图 7-9　SIEMENS 系统数控车削加工练习

表 7-14　数控加工刀具卡

项目任务			零件名称		零件图号	
序号	刀具号	刀具名称及规格	刀尖半径/mm	数量	加工表面	备注

表 7-15　数控加工工序卡

材料	45 钢	零件图号		系统	FANUC	工序号	
操作序号	工步内容 （走刀路线）	G 功能	T 刀具	切削用量			
				主轴转速 n /(r·min^{-1})	进给率 F /(mm·r^{-1})	背吃刀量 a_p /mm	
程序							

任务 8

数控车削加工锥度小轴

知识目标

1. 掌握数控车削加工工艺知识（职业技能鉴定点）
2. 掌握制订刀具卡和工序卡方法（职业技能鉴定点）
3. 熟练掌握装夹刀具和工件、应用游标卡尺、外径千分尺测量工件等知识（职业技能鉴定点）
4. 熟练掌握相关加工编程指令（职业技能鉴定点）
5. 熟悉数控车床操作知识（职业技能鉴定点）
6. 熟悉中级数控车床国家职业技能标准（职业技能鉴定点）
7. 熟悉中级数控车床安全文明操作知识（职业技能鉴定点）

技能目标

1. 中级数控车床加工工艺分析、程序编制和调试能力（职业技能鉴定点）
2. 掌握中级数控车床操作技能（职业技能鉴定点）
3. 测量工件和控制质量能力（职业技能鉴定点）
4. 安全文明生产能力（职业技能鉴定点）

素养目标

1. 培养学生严谨、细心、全面、追求高效的品质
2. 培养学生团队精神、沟通协调能力
3. 培养学生踏实肯干、勇于创新的工作态度

加工图 8-1 所示锥度小轴零件，用外圆车刀加工圆弧的外圆。试编写其轮廓加工程序并进行加工。毛坯尺寸为 φ30 mm×80 mm，材料为铝合金。

8.2 相关知识

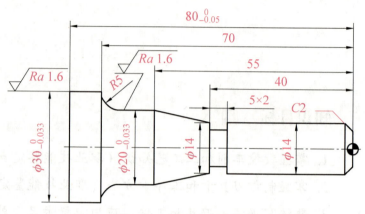

图 8-1 锥度小轴零件

一、数控车工国家职业标准

1. 基本要求

1）职业道德

（1）职业道德基本知识。

（2）职业守则。

①遵守国家法律、法规和有关规定。

②具有高度的责任心，爱岗敬业、团结合作。

③严格执行相关标准、工作程序与规范、工艺文件和安全操作规程。

④学习新知识新技能，勇于开拓和创新。

⑤爱护设备、系统及工具、夹具、量具。

⑥着装整洁，符合规定；保持工作环境清洁有序，文明生产。

2）基础知识

（1）基础理论知识。

①机械制图。

②工程材料及金属热处理知识。

③机电控制知识。

④计算机基础知识。

⑤专业英语基础。

（2）机械加工基础知识。

①机械原理。

②常用设备知识（分类、用途、基本结构及维护保养方法）。

③常用金属切削刀具知识。

④典型零件加工工艺。

⑤设备润滑和冷却液的使用方法。

⑥工具、夹具、量具的使用与维护知识。

⑦普通车床、钳工基本操作知识。

（3）安全文明生产与环境保护知识。

①安全操作与劳动保护知识。

②文明生产知识。

③环境保护知识。

（4）质量管理知识。

①企业的质量方针。

②岗位质量要求。

③岗位质量保证措施与责任。

（5）相关法律、法规知识。

①劳动法的相关知识。

②环境保护法的相关知识。

③知识产权保护法的相关知识。

2. 工作要求

中级数控车工国家职业标准的工作要求如表8-1所示。

表8-1　中级数控车工国家职业标准的工作要求

职业功能	工作内容	技能要求	相关知识
1. 加工准备	1）读图与绘图	①能读懂中等复杂程度（如：曲轴）的零件图 ②能绘制简单的轴、盘类零件图 ③能读懂进给机构、主轴系统的装配图	①复杂零件的表达方法 ②简单零件图的画法 ③零件三视图、局部视图和剖视图的画法 ④装配图的画法
	2）制订加工工艺	①能读懂复杂零件的数控车床加工工艺文件 ②能编制简单（轴、盘）零件的数控车床加工工艺文件	数控车床加工工艺文件的制订
	3）零件定位与装夹	能使用通用夹具（如三爪自定心卡盘、四爪单动卡盘）进行零件装夹与定位	①数控车床常用夹具的使用方法 ②零件定位、装夹的原理和方法
	4）刀具准备	①能根据数控车床加工工艺文件选择、安装和调整数控车床常用刀具 ②能刃磨常用车削刀具	①金属切削与刀具磨损知识 ②数控车床常用刀具的种类、结构和特点 ③数控车床、零件材料、加工精度和工作效率对刀具的要求

续表

职业功能	工作内容	技能要求	相关知识
2. 数控编程	1）手工编程	①能编制由直线、圆弧组成的二维轮廓数控加工程序 ②能编制螺纹加工程序 ③能运用固定循环、子程序进行零件的加工程序编制	①数控编程知识 ②直线插补和圆弧插补的原理 ③坐标点的计算方法
	2）计算机辅助编程	①能使用计算机绘图设计软件绘制简单（轴、盘、套）零件图 ②能利用计算机绘图软件计算节点	计算机绘图软件（二维）的使用方法
3. 数控车床操作	1）操作面板	①能按照操作规程启动及停止机床 ②能使用操作面板上的常用功能键（如回零、手动、MDI、修调等）	①熟悉数控车床操作说明书 ②数控车床操作面板的使用方法
	2）程序输入与编辑	①能通过各种途径（如DNC、网络等）输入加工程序 ②能通过操作面板编辑加工程序	①数控加工程序的输入方法 ②数控加工程序的编辑方法 ③网络知识
	3）对刀	①能进行对刀并确定相关坐标系 ②能设置刀具参数	①对刀的方法 ②坐标系的知识 ③刀具偏置补偿、刀尖半径补偿与刀具参数的输入方法
	4）程序调试与运行	能对程序进行校验、单步执行、空运行并完成零件试切	程序调试的方法

续表

职业功能	工作内容	技能要求	相关知识
4. 零件加工	1）轮廓加工	（1）能进行轴、套类零件加工，并达到以下要求： ①尺寸公差等级：IT6 ②几何公差等级：IT8 ③表面粗糙度：$Ra1.6\ \mu m$ （2）能进行盘类、支架类零件加工，并达到以下要求： ①轴径公差等级：IT6 ②孔径公差等级：IT7 ③几何公差等级：IT8 ④表面粗糙度：$Ra1.6\ \mu m$	①内外径的车削加工方法、测量方法 ②几何公差的测量方法 ③表面粗糙度的测量方法
	2）螺纹加工	能进行单线等节距的普通三角形螺纹、锥螺纹的加工，并达到以下要求： ①尺寸公差等级：IT6~IT7 ②几何公差等级：IT8 ③表面粗糙度：$Ra1.6\ \mu m$	①常用螺纹的车削加工方法 ②螺纹加工中的参数计算
	3）槽类加工	能进行内径槽、外径槽和端面槽的加工，并达到以下要求： ①尺寸公差等级：IT8 ②几何公差等级：IT8 ③表面粗糙度：$Ra3.2\ \mu m$	内径槽、外径槽和端槽的加工方法
	4）孔加工	能进行孔加工，并达到以下要求： ①尺寸公差等级：IT7 ②几何公差等级：IT8 ③表面粗糙度：$Ra3.2\ \mu m$	孔的加工方法
	5）零件精度检验	能进行零件的长度、内径、外径、螺纹、角度精度检验	①通用量具的使用方法 ②零件精度检验及测量方法

续表

职业功能	工作内容	技能要求	相关知识
5. 数控车床维护与精度检验	1）数控车床日常维护	能根据说明书完成数控车床的定期及不定期维护保养，包括机械、电、气、液压、冷却数控系统检查和日常保养等	①数控车床说明书 ②数控车床日常保养方法 ③数控车床操作规程 ④数控系统（进口与国产数控系统）使用说明书
	2）数控车床故障诊断	①能读懂数控系统的报警信息 ②能发现并排除由数控程序引起的数控车床的一般故障	①使用数控系统报警信息表的方法 ②数控机床的编程和操作故障诊断方法
	3）数控车床精度检查	能进行数控车床水平的检查	①水平仪的使用方法 ②机床垫铁的调整方法

3. 比重表

1）理论知识

数控车工国家职业标准理论知识比重表如表8-2所示。

表8-2 数控车工国家职业标准理论知识比重表

项目		中级（%）	高级（%）	技师（%）	高级技师（%）
基本要求	职业道德	5	5	5	5
	基础知识	20	20	15	15
相关知识	加工准备	15	15	30	—
	数控编程	20	20	10	—
	数控车床操作	5	5	—	—
	零件加工	30	30	20	15
	数控车床维护与精度检验	5	5	10	10
	培训与管理	—	—	10	15
	工艺分析与设计	—	—	—	40
合计		100	100	100	100

2）技能操作

数控车工国家职业标准技能操作比重表如表 8-3 所示。

表 8-3　数控车工国家职业标准技能操作比重表

项　目		中级（%）	高级（%）	技师（%）	高级技师（%）
技能要求	加工准备	10	10	20	—
	数控编程	20	20	30	—
	数控车床操作	5	5	—	—
	零件加工	60	60	40	45
	数控车床维护与精度检验	5	5	5	10
	培训与管理	—	—	5	10
	工艺分析与设计	—	—	—	35
合　计		100	100	100	100

二、数控车床常见的操作故障

数控车床的故障种类较多，有电气、机械、数控系统、液压、气动等部件的故障，产生的原因也比较复杂，但大部分的故障是由于操作人员操作机床不当引起的，数控车床常见的操作故障有以下 23 种。

（1）防护门未关，机床不能运转。

（2）有回零要求的机床开机后未回零。

（3）主轴转速 n 超过最高转速限定值。

（4）加工程序内没有设置 F 或 S 值。

（5）进给修调 F% 或主轴修调 S% 开关设为空挡。

（6）回零时离零点太近或回零速度太快，引起超程。

（7）程序中 G00 位置超过限定值。

（8）刀具补偿测量设置错误。

（9）刀具换刀位置不正确（换刀点离工件太近）。

（10）G40 撤销不当，引起刀具切入已加工的表面。

（11）程序中使用了非法代码。

（12）刀尖半径补偿方向搞错。

（13）切入、切出方式不当。

（14）切削用量太大。

（15）刀具安装不正确或刀具钝化。

（16）工件材质不均匀，引起振动。

（17）机床被机械锁定，未解除（工作台不动）。

（18）工件未夹紧或伸出量不符合要求。

（19）对刀位置不正确，工件坐标系设置错误。

（20）使用了不合理的 G 功能指令。

（21）机床处于报警状态。

（22）断电后或报过警的机床，没有重新回零。

（23）加工程序不正确；传输程序时乱码或中断。

【实例 8-1】 锥度小轴零件仿真加工编程实例

1. 实例描述

仿真加工工件如图 8-2 所示，该工件为简单的锥度小轴零件，只有外形轮廓和长度的尺寸要求，所以控制零件的外圆尺寸和长度尺寸是关键，未注倒角 C0.5。编程零点设置在零件右端面的轴心线上。

2. 加工步骤

①夹持零件毛坯，伸出卡爪 80 mm。

②车右端面。

③粗、精车零件外轮廓至图样要求。

④切断零件，保证总长。

⑤回换刀点，程序结束。

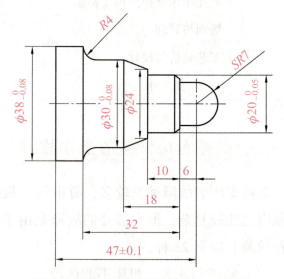

图 8-2 锥度小轴零件仿真加工实例

3. 加工量具准备清单

4. 编写程序

程序如下：

```
O0017;
N05 G54 G99 G00 X100 Z100;
N10 M03 S1000;
N15 T0101;
N20 G00 X42 Z2;
N25 G71 U1 R1;                    外圆粗车循环
N30 G71 P35 Q95 U0.2 W0.1 F0.2;   外圆粗车循环
N35 G00 X0;
N40 G01 Z0 F0.1;
N45 G03 X14 Z-7 R7;
N50 G01 Z-13;
```

```
N55 X17;
N60 X20 Z-14.5;
N65 Z-23;
N70 X24;
N75 X30 Z-31;
N80 Z-41;
N85 G02 X38 Z-45 R4;
N90 G01 Z-58;
N95 X42;
N100 G00 X100 Z100;
N105 G55T0202;
N110 G00 X42 Z2;
N110 M03 S1500;
N115 G70 P35 Q95;              外圆精车循环
N120 G00 X100 Z100;
N125 G56T0303 S300;
N130 G00 X42 Z-58;
N135 G01 X0 F0.1;              切断
N140 X42F0.5;
N145 G00 X100 Z100;
N150 M05;
N155 M30;
```

5. 仿真加工结果

锥度小轴零件仿真加工结果如图 8-3 所示。

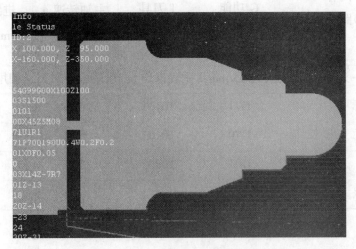

图 8-3 锥度小轴零件仿真加工结果

8.3 任务实施

一、工艺过程

①粗加工外圆，留精加工余量0.2 mm。
②精加工外圆。
③切断，达到零件图纸要求。

二、刀具与工艺参数

数控加工刀具卡、数控加工工序卡分别如表8-4、表8-5所示。

表8-4 数控加工刀具卡

项目任务			零件名称		零件图号	
序号	刀具号	刀具名称及规格	刀尖半径/mm	数量	加工表面	备注
1	T0101	90°粗、精车右偏外圆刀	0.8	1把	外表面、端面	80°菱形刀片
2	T0202	割刀		1把	切断	刀宽3 mm

表8-5 数控加工工序卡

材料	45钢	零件图号	系统	FANUC	工序号	
操作序号	工步内容 （走刀路线）	G功能	T刀具	切削用量		
				主轴转速 n /(r·min^{-1})	进给率 F /(mm·r^{-1})	背吃刀量 a_p /mm
程序	夹住棒料一头,留出长度大约65 mm（手动操作），车端面，对刀，调用程序					
1	粗车外轮廓	G71	T0101	600	0.2	1
2	精车外轮廓	G70	T0101	800	0.1	0.2
3	切断	G01	T0202	300	0.05	
4	检测、校核					

三、装夹方案

用三爪自定心卡盘夹紧定位。

四、程序编制

程序如下：

```
O0014;
N010G54X100Z100;
N020M03S600T0101;              启动主轴,调用1号刀与刀补
N030G99;                       设置每转进给量,单位为mm/r
N040G00X38Z2;
N050G71U2R0.5;                 外圆粗车循环
N060G71P070Q160U0.4W0.2F0.2;   外圆粗车循环,设置粗车进给率
N070G00X-1;                    循环开始
N080G01Z0F0.1;                 给出精车进给率
N090X10;
N100X14Z-2;
N110Z-40;
N120X20Z-55;
N130Z-65;
N140G02X30Z-70R5;
N150G01Z-83;
N160X38;                       循环结束
N170M03S800;                   变速准备精车
N180G70P70Q160;                精车外圆
N190G00X100Z100;               返回换刀点
N200G55T0202;                  更换2号刀与坐标系
N210G00X20Z-40;                快速到割槽起点
N220M03S300;                   降速
N230G75R0.5;                   割槽循环
N240G75X10Z-38P1500Q2000F0.05; 割槽循环
N250G01X38F0.3;                退刀
N260G00Z-83;
N270G01X1F0.05;                切断
N280G01X40F0.3;                退刀
N290G00X100Z100 T0101;         返回换刀点,恢复1号刀为工作位置
N300M05;
N310M30;
```

五、对刀

试切对刀，对刀坐标系存储在 G54 中。

六、仿真加工

锥度小轴零件仿真加工结果如图 8-4 所示。

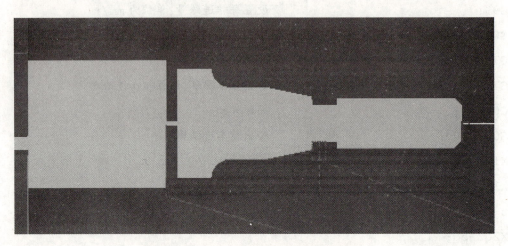

图 8-4　锥度小轴零件仿真加工结果

七、机床加工

机床加工具体步骤如下。

(1) 机床准备：通电、机床空运行等；
(2) 毛坯选择与安装；
(3) 车刀选择与安装；
(4) 程序输入与检查；
(5) 对刀；
(6) 自动加工；
(7) 工件检测。

注意事项：

(1) 检查机床运行是否正常；
(2) 检查工件与刀具装夹是否牢靠；
(3) 检查程序是否正确，确认车刀与程序中的刀号是否一致；
(4) 对刀后，可在 MDI 方式下，检查对刀的精度；
(5) 开始加工时，按下单步运行按钮，待运行正常后，再取消单步运行。

8.4 任务评价

1. 个人知识和技能评价

个人知识和技能评价表如表 8-6 所示。

表 8-6 个人知识和技能评价表

评价项目	任务评价内容	分值	自我评价	小组评价	教师评价	得分
项目理论知识	①编程格式及走刀路线	5				
	②基础知识融会贯通	10				
	③零件图纸分析	10				
	④制订加工工艺	10				
	⑤加工技术文件的编制	5				
项目仿真加工技能	①程序的输入	10				
	②图形模拟	10				
	③刀具、毛坯的选择及对刀	10				
	④仿真加工工件	5				
	⑤尺寸等的精度仿真检验	5				
职业素质培养	①出勤情况	5				
	②纪律	5				
	③团队协作精神	10				
合计总分		100				

2. 小组学习实例评价

小组学习实例评价表如表 8-7 所示。

表 8-7 小组学习实例评价表

班级：　　　　　　　小组编号：　　　　　　　成绩：

评价项目	评价内容及评价分值			学员自评	同学互评	教师评分
	优秀（12~15分）	良好（9~11分）	继续努力（9分以下）			
分工合作	小组成员分工明确，任务分配合理，有小组分工职责明细表	小组成员分工较明确，任务分配较合理，有小组分工职责明细表	小组成员分工不明确，任务分配不合理，无小组分工职责明细表			

续表

评价项目	评价内容及评价分值			学员自评	同学互评	教师评分
获取与项目有关质量、市场、环保等内容的信息	优秀（12~15分）	良好（9~11分）	继续努力（9分以下）			
	能使用适当的搜索引擎从网络等多种渠道获取信息，并合理地选择信息、使用信息	能从网络获取信息，并较合理地选择信息、使用信息	能从网络或其他渠道获取信息，但信息选择不正确，信息使用不恰当			
数控仿真加工技能操作情况	优秀（16~20分）	良好（12~15分）	继续努力（12分以下）			
	能按技能目标要求规范完成每项实操任务，能正确分析机床可能出现的报警信息，并对显示故障能迅速排除	能按技能目标要求规范完成每项实操任务，但仅能部分正确分析机床可能出现的报警信息，并对显示故障能迅速排除	能按技能目标要求完成每项实操任务，但规范性不够。不能正确分析机床可能出现的报警信息，不能迅速排除显示故障			
基本知识分析讨论	优秀（16~20分）	良好（12~15分）	继续努力（12分以下）			
	讨论热烈，各抒己见，概念准确，原理思路清晰，理解透彻，逻辑性强，并有自己的见解	讨论没有间断，各抒己见，分析有理有据，思路基本清晰	讨论能够展开，分析有间断，思路不清晰，理解不够透彻			
成果展示	优秀（24~30分）	良好（18~23分）	继续努力（18分以下）			
	能很好地理解项目的任务要求，成果展示逻辑性强，能熟练利用信息平台进行成果展示	能较好地理解项目的任务要求，成果展示逻辑性强，能较熟练利用信息平台进行成果展示	基本理解项目的任务要求，成果展示停留在书面和口头表达，不能熟练利用信息平台进行成果展示			
合计总分						

8.5 职业技能鉴定指导

1. 知识技能复习要点

（1）熟练掌握简单零件图的画法。

（2）掌握数控车床加工工艺文件的制订。

（3）会利用通用车床夹具（如三爪自定心卡盘、四爪单动卡盘）进行零件装夹与定位。

（4）根据数控车床加工工艺文件选择、安装和调整数控车床常用刀具。

（5）掌握数控编程知识。

（6）熟悉数控车床操作说明书。

（7）掌握数控车床操作面板的使用方法。

2. 理论复习（模拟试题）

（1）维护社会道德的手段是（　　）。
A. 法律手段　　　　B. 行政手段　　　　C. 舆论与教育手段　　D. 组织手段

（2）使机床处于复位停止状态的指令是（　　）。
A. M01　　　　　　B. M00　　　　　　C. M02　　　　　　　D. M05

（3）程序检验中图形显示功能可以（　　）。
A. 检验编程轨迹的正确性　　　　　　B. 检验工件原点位置
C. 检验零件的精度　　　　　　　　　D. 检验对刀误差

（4）刀尖半径补偿的建立只能通过（　　）来实现。
A. G01 或 G02　　B. G00 或 G03　　C. G02 或 G03　　D. G00 或 G01

（5）加工中心中 G17、G18、G19 指定不同的平面，分别是（　　）。
A. G17 为 XOY，G18 为 XOZ，G19 为 YOZ
B. G17 为 XOZ，G18 为 YOZ，G19 为 XOZ
C. G17 为 XOY，G18 为 YOZ，G19 为 XOZ
D. G17 为 XOZ，G18 为 XOY，G19 为 YOZ

（6）在数控程序中，G00 指令命令刀具快速到位，但是在应用时（　　）。
A. 必须有地址指令　　　　　　　　　B. 不需要地址指令
C. 地址指令可有可无　　　　　　　　D. 视程序情况而定

（7）机床加工时，如进行圆弧插补，规定的加工平面默认为（　　）。
A. G17　　　　　　B. G18　　　　　　C. G19　　　　　　　D. G20

（8）机床运行时选择暂停的指令为（　　）。
A. M00　　　　　　B. M01　　　　　　C. M02　　　　　　　D. M30

（9）机械原点是（　　）。
A. 机床坐标系原点　　　　　　　　　B. 工作坐标系原点
C. 附加坐标系原点　　　　　　　　　D. 加工程序原点

（10）指令字 G96、G97 后面的转速的单位分别为（　　）。
A. m/min　r/min　　　　　　　　　　B. r/min　m/min
C. m/min　m/min　　　　　　　　　　D. r/min　r/min

3. 技能实训（真题）

见任务 4 职业技能鉴定指导。

任务 9

数控车削加工球形三角螺纹轴

知识目标

1. 掌握外形和槽尺寸的加工工艺知识（职业技能鉴定点）
2. 掌握制订数控加工刀具卡和数控加工工序卡方法（职业技能鉴定点）
3. 熟练掌握装夹刀具和工件、应用游标卡尺、外径千分尺测量工件等知识（职业技能鉴定点）
4. 熟练掌握相关加工编程指令（职业技能鉴定点）
5. 熟悉数控车床操作知识（职业技能鉴定点）
6. 熟悉中级数控车床国家职业技能标准（职业技能鉴定点）

技能目标

1. 分析数控车削加工工艺（职业技能鉴定点）
2. 外形和槽尺寸测量和控制质量能力（职业技能鉴定点）
3. 能编制和调试外圆、槽和螺纹加工程序（职业技能鉴定点）
4. 掌握中级数控车床操作技能（职业技能鉴定点）
5. 设置刀具补偿（职业技能鉴定点）
6. 养成安全文明生产的好习惯（职业技能鉴定点）

素养目标

1. 培养学生严谨、细心、一丝不苟的学习态度
2. 培养学生自主学习能力
3. 培养学生团结友爱、团队合作精神
4. 培养学生善于思考、踏实肯干、勇于创新的工作态度

9.1 任务描述——加工球形三角螺纹轴

加工图 9-1 所示球形三角螺纹轴零件。试编写其轮廓加工程序并进行加工。毛坯尺寸为 φ30 mm×100 mm，材料为 45 钢。

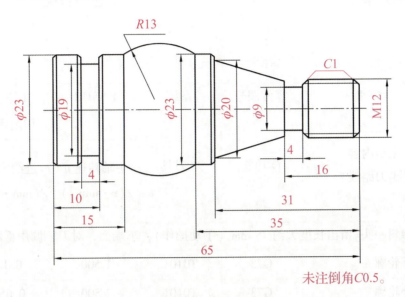

图 9-1 球形三角螺纹轴零件

未注倒角C0.5。

9.2 任务实施

一、工艺过程

①粗车右端端面和外圆，留精加工余量 0.3 mm。
②精车右端各表面达到图纸要求，重点保证外圆尺寸。
③车螺纹退刀槽并完成槽口倒角。
④螺纹粗、精加工达到图纸要求。
⑤切断保证零件长度。
⑥去毛刺，检测工件各项尺寸要求。

二、刀具与工艺参数

数控加工刀具卡、数控加工工序卡分别如表 9-1、表 9-2 所示。

表 9-1　数控加工刀具卡

项目任务			零件名称		零件图号	
序号	刀具号	刀具名称及规格	刀尖半径/mm	数量	加工表面	备注
1	T0101	93°粗、精车右偏外圆刀	0.8	1把	外轮廓、端面	55°菱形刀片
2	T0202	切槽刀	0.4	1把	螺纹退刀槽	刀宽4 mm
3	T0303	螺纹车刀		1把	螺纹	

表 9-2　数控加工工序卡

材料	45钢	零件图号	系统	FANUC	工序号	
操作序号	工步内容（走刀路线）	G功能	T刀具	切削用量		
				主轴转速 n /(r·min^{-1})	进给率 F /(mm·r^{-1})	背吃刀量 a_p /mm
程序	夹住棒料一头，留出长度大约75 mm（手动操作），车端面，对刀，调用程序					
1	粗车外轮廓	G73	T0101	1 500	0.1	0.5
2	精车外轮廓	G73	T0101	2 500	0.05	0.2
3	切螺纹退刀槽	G01	T0202	600	0.05	4
4	螺纹加工	G76	T0303	800		
5	切断	G01	T0202	600	0.05	4
6	检测、校核					

三、装夹方案

用三爪自定心卡盘夹紧定位。

四、程序编制

程序如下：

```
O0019;
N010G54G99G00X100Z100;          建立工件坐标系/每转进给/设置换刀点
N020M03S1500;
N030T0101M08;
N040G00X35Z5;
```

```
N050G73U10W8R16;              外圆粗车封闭循环
N060G73P70Q210U0.4W0.2F0.2;   外圆粗车封闭循环
N070G00X0;
N080G01Z0F0.05;
N090X7;
N100G03X13Z-3;
N110G01Z-16;
N120X15;
N130X21Z-31;
N140X22;
N150X23Z-31.5;
N160Z-35;
N170G03Z-50R13;
N180G01Z-54;
N190X20Z-58;
N200Z-85;
N210X31;
N220M03S2500;
N230G70P70Q210;               外圆精车封闭循环
N240G00X100Z100;
N250G55T0202;
N260G00X35Z-58;
N270M03S600;
N280G01X23Z-57.5F0.2;
N290X22Z-58F0.05;             槽4×1.5右边倒角
N300X17;
N310G04X2;
N320G01X25F0.2;
N330X20Z-59.5;
N340X17Z-58F0.05;             槽4×1.5左边倒角
N350G04X2;
N360G01X35F0.2;
N370G00Z-81;
N380G01X20Z-79.5F0.2;
N390X17Z-81F0.05;             螺纹左边倒角
N400X35F0.2;
```

```
N410 G00 X100 Z100；
N420 G56 T0303；
N430 G00 X35 Z-56 S800；
N440 G76 P020160 R0.1；          螺纹复合循环
N450 G76 X18 Z-79 P1 Q0.2 F1.5； 螺纹复合循环
N460 G00 X100 Z100；
N470 G55 T0202；
N480 G00 X35 Z-81；
N490 M03 S600；
N500 G01 X2 F0.05；              切断,保留直径2mm
N510 X35 F0.2；
N520 G00 X100 Z100 M09；
N530 M05；
N540 M30；
```

五、对刀

试切对刀，对刀坐标系存储在 G54 中。

六、加工

球形三角螺纹轴零件实物加工结果如图 9-2 所示。

图 9-2　球形三角螺纹轴零件实物加工结果

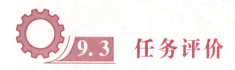 任务评价

1. 个人知识和技能评价

个人知识和技能评价表如表 9-3 所示。

表 9-3　个人知识和技能评价表

评价项目	任务评价内容	分值	自我评价	小组评价	教师评价	得分
项目理论知识	①编程格式及走刀路线	5				
	②基础知识融会贯通	10				
	③零件图纸分析	10				
	④制订加工工艺	10				
	⑤加工技术文件的编制	5				

续表

评价项目	任务评价内容	分值	自我评价	小组评价	教师评价	得分
项目仿真加工技能	①程序的输入	10				
	②图形模拟	10				
	③刀具、毛坯的选择及对刀	10				
	④仿真加工工件	5				
	⑤尺寸等的精度仿真检验	5				
职业素质培养	①出勤情况	5				
	②纪律	5				
	③团队协作精神	10				
合计总分		100				

2. 小组学习实例评价

小组学习实例评价表如表9-4所示。

表9-4 小组学习实例评价表

班级：　　　　　　　　　小组编号：　　　　　　　　成绩：

评价项目	评价内容及评价分值			学员自评	同学互评	教师评分
分工合作	优秀（12~15分）	良好（9~11分）	继续努力（9分以下）			
	小组成员分工明确，任务分配合理，有小组分工职责明细表	小组成员分工较明确，任务分配较合理，有小组分工职责明细表	小组成员分工不明确，任务分配不合理，无小组分工职责明细表			
获取与项目有关质量、市场、环保等内容的信息	优秀（12~15分）	良好（9~11分）	继续努力（9分以下）			
	能使用适当的搜索引擎从网络等多种渠道获取信息，并合理地选择信息、使用信息	能从网络获取信息，并较合理地选择信息、使用信息	能从网络或其他渠道获取信息，但信息选择不正确，信息使用不恰当			
数控仿真加工技能操作情况	优秀（16~20分）	良好（12~15分）	继续努力（12分以下）			
	能按技能目标要求规范完成每项实操任务，能正确分析机床可能出现的报警信息，并对显示故障能迅速排除	能按技能目标要求规范完成每项实操任务，但仅能部分正确分析机床可能出现的报警信息，并对显示故障能迅速排除	能按技能目标要求完成每项实操任务，但规范性不够。不能正确分析机床可能出现的报警信息，不能迅速排除显示故障			

续表

评价项目	评价内容及评价分值			学员自评	同学互评	教师评分
基本知识分析讨论	优秀（16~20分）	良好（12~15分）	继续努力（12分以下）			
	讨论热烈，各抒己见，概念准确，原理思路清晰，理解透彻，逻辑性强，并有自己的见解	讨论没有间断，各抒己见，分析有理有据，思路基本清晰	讨论能够展开，分析有间断，思路不清晰，理解不够透彻			
成果展示	优秀（24~30分）	良好（18~23分）	继续努力（18分以下）			
	能很好地理解项目的任务要求，成果展示逻辑性强，能熟练利用信息平台进行成果展示	能较好地理解项目的任务要求，成果展示逻辑性强，能较熟练利用信息平台进行成果展示	基本理解项目的任务要求，成果展示停留在书面和口头表达，不能熟练利用信息平台进行成果展示			
合计总分						

9.4 职业技能鉴定指导

1. 知识技能复习要点

（1）能读懂中等复杂程度的零件图。

（2）能编制数控车床加工工艺文件。

（3）掌握数控车床常用夹具的使用方法。

（4）能利用计算机绘图软件计算节点。

（5）能安装和调整数控车床常用刀具。

（6）掌握刀具偏置补偿、刀尖半径补偿与刀具参数的输入方法。

（7）会中级数控车床编程、操作、加工、检测、机床维护保养、文明操作等。

2. 理论复习（模拟试题）

（1）对工件的（　　）有较大影响的是车刀的副偏角。

　　A. 尺寸精度　　　　　　　　　　B. 形状精度

　　C. 表面粗糙度　　　　　　　　　D. 没有影响

（2）钻头、钻孔一般属于（　　）。

　　A. 精加工　　　　　　　　　　　B. 半精加工

C. 半精加工和精加工　　　　　　　　　D. 粗加工

(3) 镗孔的关键技术是解决镗刀的（　　）和排屑问题。

A. 工艺性　　　B. 刚性　　　C. 红硬性　　　D. 柔性

(4) 下列因素中导致受迫振动的是（　　）。

A. 积屑瘤导致刀具角度变化引起的振动

B. 切削过程中磨擦力变化引起的振动

C. 切削层沿其厚度方向的硬化不均匀

D. 加工方法引起的振动

(5) 当选择的切削速度在（　　）m/min 时，最易产生积屑瘤。

A. 0~15　　　B. 15~30　　　C. 50~80　　　D. 150

(6) 首先应根据零件的（　　）精度，合理选择装夹方法。

A. 尺寸　　　B. 形状　　　C. 位置　　　D. 表面

(7) 新机床就位需要做（　　）h 连续运转才认为可行。

A. 1~2　　　B. 8~16　　　C. 96　　　D. 36

(8) 用于调整机床的垫铁种类有多种，其中不包括（　　）。

A. 斜垫铁　　　B. 开口垫铁　　　C. 钩头垫铁　　　D. 等高铁

(9) 标注设置的快捷键是 D。（　　）

(10) 车削螺纹时，只要刀具角度正确，就能保证加工出的螺纹牙型正确。（　　）

(11) 螺纹每层加工的轴向起刀点位置可以改变。（　　）

3. 技能实训（真题）

见任务 4 职业技能鉴定指导。

任务 10

数控车削加工内锥套零件

知识目标

1. 掌握外圆、槽、螺纹和内孔的加工工艺知识（职业技能鉴定点）
2. 掌握制订数控加工刀具卡和数控加工工序卡方法（职业技能鉴定点）
3. 熟练掌握装夹刀具和工件、应用游标卡尺、外径千分尺测量工件等知识（职业技能鉴定点）
4. 熟练掌握内孔等相关加工编程指令（职业技能鉴定点）
5. 熟悉数控车床操作知识（职业技能鉴定点）
6. 熟悉中级数控车床国家职业技能标准（职业技能鉴定点）

技能目标

1. 分析套类零件数控车削加工工艺（职业技能鉴定点）
2. 具备测量内孔尺寸和控制质量能力（职业技能鉴定点）
3. 能编制和调试内孔、槽和螺纹加工程序（职业技能鉴定点）
4. 设置刀具补偿（职业技能鉴定点）
5. 掌握中级数控车床操作技能和工件调头装夹找正技能（职业技能鉴定点）
6. 养成安全文明生产的好习惯（职业技能鉴定点）

素养目标

1. 培养学生严谨、细心、全面、追求高效、精益求精的职业素质，强化产品质量意识
2. 培养学生一定的计划、决策、组织、实施和总结的能力
3. 培养学生踏实肯干、勇于创新的工作态度

10.1 任务描述——加工内锥套

加工图 10-1 所示内锥套零件，试编写其轮廓加工程序并进行加工。毛坯尺寸为 $\phi50$ mm× 100 mm，材料为 45 钢。

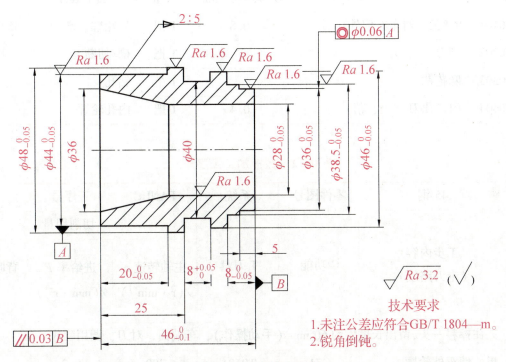

图 10-1 内锥套零件

技术要求
1. 未注公差应符合 GB/T 1804—m。
2. 锐角倒钝。

10.2 任务实施

一、工艺过程

① 粗、精加工左端面、外圆面 $\phi44$ mm、$\phi48$ mm 至尺寸。

② 钻孔 $\phi20$ mm。

③ 粗、精加工内部轮廓至尺寸。

④ 切断保证零件长度。

⑤ 掉头切右端面及外圆至尺寸。

⑥ 切宽 8 mm 槽。

⑦ 去毛刺，检测工件各项尺寸要求。

二、刀具与工艺参数

数控加工刀具卡、数控加工工序卡分别如表10-1、表10-2所示。

表10-1 数控加工刀具卡

项目任务				零件名称		零件图号	
序号	刀具号	刀具名称及规格	刀尖半径/mm	数量	加工表面	备注	
1	T0101	93°粗、精车右偏外圆刀	0.8	1把	外轮廓、端面	55°菱形刀片	
2	T0202	割刀		1把	槽/切断	刀宽3 mm	
3	T0303	麻花钻		1个	钻孔	20	
4	T0404	内镗孔刀（粗、精）	0.4	1把	内孔轮廓		

表10-2 数控加工工序卡

材料	45 钢	零件图号	系统	FANUC	工序号	
操作序号	工步内容（走刀路线）	G 功能	T 刀具	切削用量		
				主轴转速 n /(r·min^{-1})	进给率 F /(mm·r^{-1})	背吃刀量 a_p /mm
程序	夹住棒料一头，留出长度大约60 mm（手动操作），车端面，对刀，调用程序					
1	粗、精车外轮廓	G71	T0101	300	0.2	1
2	切槽/切断	G75/G01	T0202	1 000	0.1	1
3	麻花钻	G74	T0303	800		
4	粗、精车内轮廓	G72	T0404	350	0.2	4
5	检测、校核					

三、装夹方案

用三爪自定心卡盘夹紧定位。

四、程序编制

左端外圆内孔程序如下：

```
O0021;
N010G54G99G00X100Z100;
N020M03S1500;
N030T0101M08;
N040G00X55Z5;
N050G71U1R1;                          左端外圆粗车循环
N060G71P70Q130U0.4W0.2F0.2;           左端外圆粗车循环
N070G00X0;
N080G01Z0F0.05;
N090X44;
N100Z-20;
N110X48;
N120Z-51;
N130X51;
N140M03S2000;
N150G70P70Q140;                       左端外圆精车循环
N160G00X100Z100;
N170G56T0303;
N180G00X0Z5S800;
N190G74R2;                            钻孔循环
N200G74Z-50Q2000F0.1;                 钻孔循环
N210G00X100Z100;
N220G57T0404;
N230M03S1000;
N240G72W1.2R1;                        内孔粗车循环
N250G72P260Q290U-0.2W0.1F0.2;         内孔粗车循环
N260G00Z-47;
N270G01X40F0.1;
N280Z-20;
N290X31Z2;
N300M03S1500;
N310G70G72P260Q290;                   内孔精车循环
N320G00X100Z100;
N330G55T0202;
N340G00X55Z-49;
N350M03S500;
N360G01X2F0.1;                        切断,保留直径2 mm
```

N370X55F0.2;
N380G00X100Z100M09;
N390M05;
N400M30;

右端外圆程序如下：

O0022;
N010G54G99G00X100Z100;
N020M03S1500;
N030T0101M08;
N040G00X55Z5;
N050G71U1R1;   右端外圆粗车循环
N060G71P70Q170U0.4W0.2F0.2;   右端外圆粗车循环
N070G00X18;
N080G01Z0F0.05;
N090X36;
N100Z-5;
N110X38;
N120Z-8;
N130X46;
N140Z-21;
N150X48;
N160Z-30;
N170X51;
N180M03S2000;
N190G70P70Q170;   右端外圆精车循环
N200G00X100Z100;
N210G55T0202;
N220G00X55Z-16;
N230M03S500;
N240G75R1;   切槽循环
N250G75X40Z-21P2000Q1000F0.1;   切槽循环
N260G00X100Z100M09;
N270M05;
N280M30;

五、对刀

试切对刀，对刀坐标系存储在 G54 中。

六、加工

利用仿真系统的程序完成自动校验、模拟加工及检测功能。

10.3 任务评价

1. 个人知识和技能评价

个人知识和技能评价表如表 10-3 所示。

表 10-3 个人知识和技能评价表

评价项目	任务评价内容	分值	自我评价	小组评价	教师评价	得分
项目理论知识	①编程格式及走刀路线	5				
	②基础知识融会贯通	10				
	③零件图纸分析	10				
	④制订加工工艺	10				
	⑤加工技术文件的编制	5				
项目仿真加工技能	①程序的输入	10				
	②图形模拟	10				
	③刀具、毛坯的选择及对刀	10				
	④仿真加工工件	5				
	⑤尺寸等的精度仿真检验	5				
职业素质培养	①出勤情况	5				
	②纪律	5				
	③团队协作精神	10				
合计总分		100				

2. 小组学习实例评价

小组学习实例评价表如表 10-4 所示。

表 10-4　小组学习实例评价表

班级：　　　　　　　　　小组编号：　　　　　　　　　成绩：

评价项目	评价内容及评价分值			学员自评	同学互评	教师评分
分工合作	优秀（12~15分） 小组成员分工明确，任务分配合理，有小组分工职责明细表	良好（9~11分） 小组成员分工较明确，任务分配较合理，有小组分工职责明细表	继续努力（9分以下） 小组成员分工不明确，任务分配不合理，无小组分工职责明细表			
获取与项目有关质量、市场、环保等内容的信息	优秀（12~15分） 能使用适当的搜索引擎从网络等多种渠道获取信息，并合理地选择信息、使用信息	良好（9~11分） 能从网络获取信息，并较合理地选择信息、使用信息	继续努力（9分以下） 能从网络或其他渠道获取信息，但信息选择不正确，信息使用不恰当			
数控仿真加工技能操作情况	优秀（16~20分） 能按技能目标要求规范完成每项实操任务，能正确分析机床可能出现的报警信息，并对显示故障能迅速排除	良好（12~15分） 能按技能目标要求规范完成每项实操任务，但仅能部分正确分析机床可能出现的报警信息，并对显示故障能迅速排除	继续努力（12分以下） 能按技能目标要求完成每项实操任务，但规范性不够。不能正确分析机床可能出现的报警信息，不能迅速排除显示故障			
基本知识分析讨论	优秀（16~20分） 讨论热烈，各抒己见，概念准确，原理思路清晰，理解透彻，逻辑性强，并有自己的见解	良好（12~15分） 讨论没有间断，各抒己见，分析有理有据，思路基本清晰	继续努力（12分以下） 讨论能够展开，分析有间断，思路不清晰，理解不够透彻			
成果展示	优秀（24~30分） 能很好地理解项目的任务要求，成果展示逻辑性强，能熟练利用信息平台进行成果展示	良好（18~23分） 能较好地理解项目的任务要求，成果展示逻辑性强，能较熟练利用信息平台进行成果展示	继续努力（18分以下） 基本理解项目的任务要求，成果展示停留在书面和口头表达，不能熟练利用信息平台进行成果展示			
合计总分						

10.4 职业技能鉴定指导

1. 知识技能复习要点

（1）能读懂中等复杂程度的套类零件图。

（2）能编制数控车床加工工艺文件。

（3）掌握数控车床常用夹具的使用方法。

（4）能利用计算机绘图软件计算节点。

（5）能安装和调整数控车床常用刀具。

（6）掌握刀具偏置补偿、刀尖半径补偿与刀具参数的输入方法。

（7）会中级数控车床编程、操作、加工、检测、机床维护保养、文明操作等。

2. 理论复习（模拟试题）

（1）碳的质量分数小于（　　）的铁碳合金称为碳素钢。
A. 1.4%　　　　　B. 0.25%　　　　　C. 0.6%　　　　　D. 2.11%

（2）机械加工选择刀具时一般应优先采用（　　）。
A. 标准刀具　　　B. 专用刀具　　　C. 复合刀具　　　D. 都可以

（3）为了防止刃口磨钝以及切屑嵌入刀具后面与孔壁间，从而将孔壁拉伤，铰刀必须（　　）。
A. 正转　　　　　B. 反转　　　　　C. 慢慢铰削　　　D. 迅速铰削

（4）在两个齿轮中间加入一个齿轮（介轮），其作用是改变齿轮的（　　）。
A. 传动比　　　　B. 扭矩　　　　　C. 传动方向　　　D. 旋转速度

（5）影响加工时切屑形状的切削用量三要素中，（　　）的影响最大。
A. 刀具几何参数　　　　　　　　　　B. 切削速度
C. 进给量　　　　　　　　　　　　　D. 背吃刀量

（6）一个物体在空间可能具有的运动称为（　　）。
A. 空间运动　　　B. 圆柱度　　　　C. 平面度　　　　D. 自由度

（7）用于批量生产的胀力心轴可用（　　）材料制成。
A. 铸铁　　　　　B. 45 钢　　　　　C. 60 钢　　　　　D. 65 Mn

（8）程序段 N0045 G32 U-36 F4；车削双线螺纹，使用平移方法加工第 2 条螺旋线时，相对第 1 条螺旋线，起点的 Z 方向应该平移（　　）。
A. 4 mm　　　　B. -4 mm　　　　C. 2 mm　　　　D. 0

（9）碳素工具钢的含碳量都在 0.7%以上，而且都是优质钢。（　　）

（10）在同一螺旋线上，相邻两牙在中径线上对应两点之间的轴线距离，称为导程。（　　）

3. 技能实训（真题）

见任务 4 职业技能鉴定指导。

任务 11

数控车削加工长轴

知识目标

1. 掌握制订加工工艺的方法（职业技能鉴定点）
2. 熟悉加工准备的步骤与方法（职业技能鉴定点）
3. 熟悉编制程序的步骤与方法（职业技能鉴定点）
4. 熟练应用数控仿真软件

技能目标

1. 会分析中等复杂程度的零件的加工工艺（职业技能鉴定点）
2. 会编写中等复杂程度的零件程序，编制与调试，数控仿真加工（职业技能鉴定点）

素养目标

1. 培养学生工匠精神，强化产品质量意识
2. 培养学生吃苦耐劳、开拓进取、勇于创新、大胆实践等意志品质
3. 培养学生甘于寂寞、乐于奉献、钉子精神
4. 培养学生分析和解决实际问题的能力、独立思考及可持续发展能力

11.1 任务描述——加工长轴

加工图 11-1 所示长轴零件。毛坯为 φ50 mm×100 mm 棒料,材料为 45 钢。

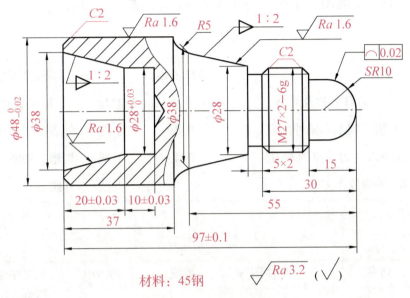

材料:45钢

图 11-1 长轴零件

11.2 任务实施

一、分析工艺

工件右端有圆弧、锥度和螺纹,难以装夹,所以先加工好左端内孔和外圆再加工右端。当加工左端时,先完成内孔各项尺寸的加工,再精加工外圆尺寸。调头装夹时,要找正左、右端同轴度。当加工右端时,先完成圆弧和锥度的加工,再进行螺纹加工。弧度和锥度都有相应的要求,在加工锥度和圆弧时,一定要进行刀尖半径补偿才能保证其要求。车左/右端加工要求如表 11-1 所示。

表 11-1 车左/右端加工要求

车右端	车左端
粗、精车右端外圆达图纸要求	钻中心孔(手工)
切槽 5×2	钻孔,深度 35 mm
粗、精车螺纹	粗、精车内孔达要求
左端倒角、切断,保证总长	去毛刺,检测工件各项尺寸要求

二、刀具与工艺参数

1. 加工右端

右端加工刀具卡、右端加工工序卡分别如表 11-2、表 11-3 所示。

2. 加工左端

左端加工刀具卡、左端加工工序卡分别如表 11-4、表 11-5 所示。

表 11-2　右端加工刀具卡

项目名称			零件名称		零件图号	
序号	刀具号	刀具名称及规格	刀尖半径/mm	数量	加工表面	备注
1	T0101	95°粗、精车右偏外圆刀	0.8	1把	外表面、端面	80°菱形刀片
2	T0202	切断刀（刀位点为左刀尖）	0.4	1把	切槽、切断	刀宽 3 mm
3	T0303	60°外螺纹车刀		1把	外螺纹	

表 11-3　右端加工工序卡

材料	45 钢	零件图号	系统	FANUC	工序号	
操作序号	工步内容（走刀路线）	G 功能	T 刀具	切削用量		
				主轴转速 n /(r·min^{-1})	进给率 F /(mm·r^{-1})	背吃刀量 a_p /mm
程序	夹住棒料一头，留出长度大约 120 mm（手动操作），试切对刀，调用程序					
1	粗车外轮廓	G71	T0101	1 500	0.2	1
2	精车外轮廓	G70	T0101	2 000	0.05	0.2
3	切退刀槽	G01	T0202	500	0.05	3
4	车螺纹	G76	T0303	800	螺距：2 mm	
5	检测、校核					

表 11-4　左端加工刀具卡

项目任务			零件名称		零件图号	
序号	刀具号	刀具名称及规格	刀尖半径/mm	数量	加工表面	备注
1	T0101	φ24 mm 钻头		1把	内孔	
2	T0202	镗孔车刀	0.4	1把	内孔	
3						

表 11-5 左端加工工序卡

材料	45 钢	零件图号		系统	FANUC	工序号	
操作序号	工步内容 （走刀路线）	G 功能	T 刀具	切削用量			
				主轴转速 n /(r·min^{-1})	进给率 F /(mm·r^{-1})	背吃刀量 a_p /mm	
程序	掉头，留出长度大约 45 mm（手动操作），对刀，调用程序						
1	钻孔 $\phi24$ mm 底孔		T0303				
2	粗镗内表面	G71	T0202	800	0.2	1	
3	精镗内表面	G70	T0202	1 000	0.05	1	
4							
5							
6	检测、校核						

三、装夹方案

用三爪自定心卡盘夹紧定位。

四、程序编制

右端程序如下：

```
O0051;
N010T0101;                          调 1 号刀及刀补/建立工件坐标系
N020M03S1500;
N030G99G00X100Z100;
N040G00X55Z5;                       设置外圆循环起点
N050G71U1R1;                        外圆粗车循环
N060G71P70Q180U0.4W0.2F0.2;         外圆粗车循环
N070G01X0F0.05;                     外圆轮廓开始点
N080Z0;
N090G03X20Z-10R10;
N100G01Z-15;
N110X23;
N120X27Z-17;
N130Z-35;
```

```
N140X28;
N150X38Z-55;
N160G02X48Z-60R5;
N170G01Z-102;
N180X51;                              外圆轮廓结束点
N190M03S2000;
N200G70P70Q180;                       外圆精车循环
N210G00X100Z100;
N220T0202;                            调2号刀及刀补/建立工件坐标系
N230G00X50Z-33;                       设置割槽循环起点
N240M03S500;
N250G75R1;                            割槽循环
N260G75X23Z-35P1000Q1000F0.05;        割槽循环
N270G01X27Z-31F0.2;
N280X23Z-33F0.05;                     螺纹左侧倒角
N290X50F0.3;
N300G00X100Z100;
N310T0303;                            调3号刀及刀补/建立工件坐标系
N320G00X35Z-10;                       设置螺纹循环起点
N330M03S800;
N340G76P020160Q0.05R0.05;             粗、精车螺纹复合循环
N350G76X24.4Z-32P1300Q300F2;          粗、精车螺纹复合循环
N360G00X100Z100;
N370T0202;                            调2号刀及刀补/建立工件坐标系
N380G00X55Z-100;
N390M03S500;
N400G01X44F0.05;                      切槽至直径44 mm
N410X48F0.3;
N420X48Z-98;
N430X44Z-100;                         工件左侧倒角
N440X2;                               切断,保留直径44 mm,保证总长97 mm
N450X55F0.3;
N460G00X100Z100;
N470M05;
N480M30
```

左端程序如下：

```
O0052;
N010T0101;                        调1号刀及刀补/建立工件坐标系
N020G99M03S1500;                  每转进给/启动主轴
N030M08G00X100Z100;
N040G00X0Z5;                      快速至钻孔循环起点
N050G74R2;                        钻孔循环
N060G74Z-40Q2000F0.05;            钻孔循环
N070G00X100Z100;
N080T0202;                        调2号刀及刀补/建立工件坐标系
N090G00X15Z5;                     设置内孔粗车循环起点
N100G72W1.2R1;                    内孔粗车循环
N110G72P120Q150U-0.3W0.15F0.1;    内孔粗车循环
N120G00Z-30;                      内孔轮廓开始点
N130G01X28F0.05;
N140Z-20;
N150X39Z2;                        内孔轮廓结束点
N160M03S2000;
N170G70P120Q150;                  内孔精车循环
N180G00X100Z100M09;
N190M05;
N200M30;
```

五、对刀

试切对刀，对刀坐标系存储在 G54 中。

六、加工

利用仿真系统的程序完成自动校验、模拟加工及检测功能。

11.3 任务评价

1. 个人知识和技能评价

个人知识和技能评价表如表 11-6 所示。

表 11-6 个人知识和技能评价表

评价项目	任务评价内容	分值	自我评价	小组评价	教师评价	得分
项目理论知识	①编程格式及走刀路线	5				
	②基础知识融会贯通	10				
	③零件图纸分析	10				
	④制订加工工艺	10				
	⑤加工技术文件的编制	5				
项目仿真加工技能	①程序的输入	10				
	②图形模拟	10				
	③刀具、毛坯的选择及对刀	10				
	④仿真加工工件	5				
	⑤尺寸等的精度仿真检验	5				
职业素质培养	①出勤情况	5				
	②纪律	5				
	③团队协作精神	10				
合计总分		100				

2. 小组学习实例评价

小组学习实例评价表如表 11-7 所示。

表 11-7 小组学习实例评价表

班级：　　　　　　　　　小组编号：　　　　　　　　　成绩：

评价项目	评价内容及评价分值			学员自评	同学互评	教师评分
分工合作	优秀（12~15 分）	良好（9~11 分）	继续努力（9 分以下）			
	小组成员分工明确，任务分配合理，有小组分工职责明细表	小组成员分工较明确，任务分配较合理，有小组分工职责明细表	小组成员分工不明确，任务分配不合理，无小组分工职责明细表			
获取与项目有关质量、市场、环保等内容的信息	优秀（12~15 分）	良好（9~11 分）	继续努力（9 分以下）			
	能使用适当的搜索引擎从网络等多种渠道获取信息，并合理地选择信息、使用信息	能从网络获取信息，并较合理地选择信息、使用信息	能从网络或其他渠道获取信息，但信息选择不正确，信息使用不恰当			
数控仿真加工技能操作情况	优秀（16~20 分）	良好（12~15 分）	继续努力（12 分以下）			
	能按技能目标要求规范完成每项实操任务，能正确分析机床可能出现的报警信息，并对显示故障能迅速排除	能按技能目标要求规范完成每项实操任务，但仅能部分正确分析机床可能出现的报警信息，并对显示故障能迅速排除	能按技能目标要求完成每项实操任务，但规范性不够。不能正确分析机床可能出现的报警信息，不能迅速排除显示故障			

续表

评价项目	评价内容及评价分值			学员自评	同学互评	教师评分
基本知识分析讨论	优秀（16~20分）	良好（12~15分）	继续努力（12分以下）			
	讨论热烈，各抒己见，概念准确，原理思路清晰，理解透彻，逻辑性强，并有自己的见解	讨论没有间断，各抒己见，分析有理有据，思路基本清晰	讨论能够展开，分析有间断，思路不清晰，理解不够透彻			
成果展示	优秀（24~30分）	良好（18~23分）	继续努力（18分以下）			
	能很好地理解项目的任务要求，成果展示逻辑性强，能熟练利用信息平台进行成果展示	能较好地理解项目的任务要求，成果展示逻辑性强，能较熟练利用信息平台进行成果展示	基本理解项目的任务要求，成果展示停留在书面和口头表达，不能熟练利用信息平台进行成果展示			
合计总分						

11.4 职业技能鉴定指导

1. 知识技能复习要点

（1）能读懂中等复杂程度的零件图。

（2）能编制数控车床加工工艺文件。

（3）掌握数控车床常用夹具的使用方法。

（4）能利用计算机绘图软件计算节点。

（5）能安装和调整数控车床常用刀具。

（6）掌握刀具偏置补偿、刀尖半径补偿与刀具参数的输入方法。

（7）会中级数控车床编程、操作、加工、检测、机床维护保养、文明操作等。

2. 理论复习（模拟试题）

（1）下列中（　　）最适宜采用正火。

A. 高碳钢零件　　　　　　　　　　B. 力学性能要求较高的零件

C. 形状较为复杂的零件　　　　　　D. 低碳钢零件

（2）以下说法错误的是（　　）。

A. 公差带为圆柱时，公差值前加 ϕ

B. 公差带为球形时，公差值前加 $S\phi$

C. 基准代号由基准符号、圆圈、连线和字母组成

D. 国标规定，在技术图样上，几何公差的标注采用字母标注

(3) 在批量生产中，一般以（　　）控制更换刀具的时间。

A. 刀具前面磨损程度　　B. 刀具后面磨损程度

C. 刀具的耐用度　　D. 刀具损坏程度

(4) 加工齿轮这样的盘类零件，在精车时应按照（　　）的加工原则安排加工顺序。

A. 先外后内　　B. 先内后外　　C. 基准后行　　D. 先精后粗

(5) 夹紧时，应保证工件的（　　）正确。

A. 位置　　B. 形状　　C. 几何精度　　D. 定位

(6) 制造轴承座、减速箱所用的材料一般为（　　）。

A. 高碳钢　　B. 灰口铸铁　　C. 球墨铸铁　　D. 可锻铸铁

(7) 终点判别是判断刀具是否到达（　　），若未到则继续进行插补。

A. 起点　　B. 中点　　C. 终点　　D. 目的

(8) 由机床的挡块和行程开关决定的位置称为（　　）。

A. 机床参考点　　B. 机床坐标原点　　C. 机床换刀点　　D. 编程原点

(9) 在中低速切槽时，为保证槽底尺寸精度，可用（　　）指令停顿修整。

A. G00　　B. G02　　C. G03　　D. G04

(10) 画零件图时可用标准规定的统一画法来代替真实的投影图。（　　）

(11) 衡量数控机床可靠性的指标之一是平均无故障时间，用 MTBF 表示。（　　）

3. 技能实训（真题）

(1) 任务描述：加工图 11-2 所示锥度芯棒零件，试编写其轮廓加工程序并进行加工。毛坯尺寸为 φ35 mm×125 mm，材料为 45 钢，工具、量具、刀具及毛坯准备清单与评分表分别如表 11-8、表 11-9 所示。

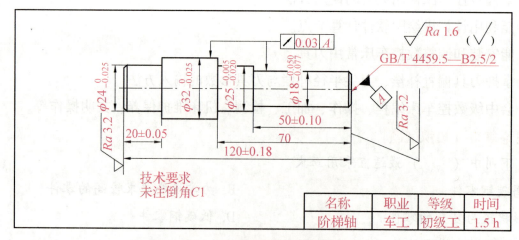

图 11-2　阶梯轴加工练习1

表 11-8 工具、量具、刀具及毛坯准备清单

数控车工初级工工具、量具、刀具及毛坯准备清单

序号	名称	规格	精度	数量	序号	名称	规格	精度	数量
1	游标卡尺	0~200	0.02	1把	11	薄铜皮			若干
2	外径千分尺	0~25	0.01	1把	12				
3	外径千分尺	25~50	0.01	1把	13				
4	中心钻	B2.5		1个	14				
5	带柄钻夹头			1个	15				
6	活顶尖			1个	16				
7	鸡心夹头			1个	17				
8	外圆车刀	90°		1把	18				
9	外圆车刀	45°		1把	19				
10	实例扳手			1副	20				
	毛坯尺寸	φ35×125			材料		45钢		

表 11-9 评分表

数控车工初级工操作考件评分表　　　　　　考件编号：_____　总分：_____

考核项目	考核要求	配分	评分标准	检测结果		扣分	得分
				尺寸精度	粗糙度		
外圆	$\phi 18_{-0.077}^{-0.050}$	22	超差无分				
	$\phi 24_{-0.025}^{0}$	7	超差无分				
	$\phi 25_{-0.020}^{-0.005}$	11	超差无分				
	$\phi 32_{-0.025}^{0}$	6	超差无分				
长度	20±0.05	8	超差无分				
	50±0.10	10	超差无分				
	120±0.18	8	超差无分				
其他	70（IT12）	2	超差无分				
表面	Ra1.6（7处）	10	Ra值大1级，扣2分				
几何公差	⌀ 0.03 A（2处）	16	超差0.01，扣3分				
安全文明	安全文明有关规定		违反有关规定，酌情扣分，总分1~50分				
备注	每处尺寸超差≥1，酌情扣分，考件总分5~10分						

(2) 任务描述：加工图 11-3 所示锥度芯棒零件，试编写其轮廓加工程序并进行加工。毛坯尺寸为 φ35 mm×85 mm，材料为 45 钢，工具、量具、刀具及毛坯准备清单与评分表分别如表 11-10、表 11-11 所示。

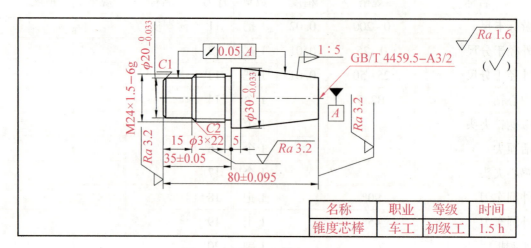

图 11-3　锥度芯棒加工练习

表 11-10　工具、量具、刀具及毛坯准备清单

数控车工初级工工具、量具、刀具及毛坯准备清单									
序号	名称	规格	精度	数量	序号	名称	规格	精度	数量
1	游标卡尺	0~150	0.02	1把	11	切断刀	$t=3$		1把
2	外径千分尺	0~25、25~50	0.01	各1把	12	螺纹车刀	60°		1把
3	螺纹千分尺	0~25	0.01	1把	13	中心钻	A3		1个
4	深度游标卡尺	0~200	0.02	1把	14	带柄钻夹头			1个
5	螺距规	米制		1把	15	鸡心夹头			1个
6	中心规	60°		1把	16	活扳手			1副
7	万能角度尺	0°~320°	2′	1把	17	薄铜皮			若干
8	活顶尖			1个	18				
9	外圆车刀	90°		1把	19				
10	外圆车刀	45°		1把	20				
毛坯尺寸		φ35×85			材料	45钢			

表 11-11 评分表

数控车工初级工操作考件评分表　　　　　　　考件编号：_____　总分：_____

考核项目	考核要求	配分	评分标准	检测结果		扣分	得分
				尺寸精度	粗糙度		
外圆	$\phi 20_{-0.033}^{0}$	9.5	超差0.01，扣3分				
	$\phi 30_{-0.033}^{0}$	6.5	超差0.01，扣3分				
锥度	锥度1:5、α±15′	12	超差无分				
螺纹	$\phi 24_{-0.268}^{-0.032}$	5	超差无分				
	$\phi 23.026_{-0.182}^{-0.032}$	15	超差无分				
	60°、P=1.5	5	牙型角、螺距不对无分				
长度	5	5	超差无分				
	35±0.05	5	超差无分				
	80±0.095	4	超差无分				
其他	3项（1T12）	3	超差无分				
表面	Ra1.6（5处）	10	Ra值大1级，扣1分				
几何公差	⌀ 0.05 A	20	超差0.01，扣5分				
安全文明	安全文明有关规定		违反有关规定，酌情扣分，总分1~50分				
备注	每处尺寸超差≥1，酌情扣分，考件总分5~10分						

（3）任务描述：加工图11-4所示锁紧套零件，试编写其轮廓加工程序并进行加工。毛坯尺寸为φ45 mm×65 mm，材料为45钢，工具、量具、刀具及毛坯准备清单与评分表分别如表11-12、表11-13所示。

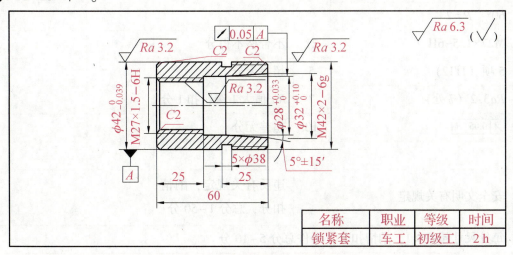

图 11-4　锁紧套加工练习

表 11-12 工具、量具、刀具及毛坯准备清单

数控车工初级工工具、量具、刀具及毛坯准备清单

序号	名称	规格	精度	数量	序号	名称	规格	精度	数量
1	游标卡尺	0~150	0.02	1把	11	内螺纹车刀	60°		1把
2	外径千分尺	25~50	0.01	1把	12	内孔车刀	45°、90°		各1把
3	螺纹千分尺	25~50	0.01	1把	13	切断刀			1把
4	内径百分表	18~35	0.01	1个	14	中心钻			1个
5	螺纹塞规	M27×1.5-6H		1把	15	带柄钻夹头			1个
6	万能角度尺	0~320°	2	1把	16	麻花钻	$\phi 3$		1个
7	中心规、螺距规	60°、米制		各1把	17	莫氏变径套	3钢、4钢		各1套
8	螺纹样板	60°		1副	18	薄铜皮			若干
9	外圆车刀	45°、90°		各1把	19				
10	螺纹车刀	60°		1把	20				
毛坯尺寸		$\phi 45 \times 65$			材料		45钢		

表 11-13 评分表

数控车工初级工操作考件评分表　　考件编号：_____　　总分：_____

考核项目	考核要求	配分	评分标准	检测结果 尺寸精度	检测结果 粗糙度	扣分	得分
外圆	$\phi 42_{-0.039}^{0}$	10	超差0.01，扣4分				
内孔	$\phi 28_{0}^{+0.033}$	12	超差0.01，扣5分				
内锥	$\phi 32_{0}^{+0.10}$	9	超差0.01，扣3分				
	5°±15′	10	超差1′，扣2分				
螺纹	$\phi 42_{-0.18}^{0}$ $\phi 40.701_{-0.41}^{-0.11}$ 60°、$P=2$	16	不合格不得分				
内螺纹	M27×1.5-6H	21	不合格不得分				
其他	5项（IT12）	5	超差无分				
表面	Ra3.2（7处）	7	Ra值大1级，扣1分				
几何公差	⌀ 0.05 A	10	超差无分				
安全文明	安全文明有关规定		违反有关规定，酌情扣分，总分1~50分				
备注	每处尺寸超差≥1，酌情扣分，考件总分5~10分						

（4）任务描述：加工图 11-5 所示定心轴零件，试编写其轮廓加工程序并进行加工。毛坯尺寸为 φ35 mm×130 mm，材料为 45 钢，工具、量具、刀具及毛坯准备清单与评分表分别如表 11-14、表 11-15 所示。

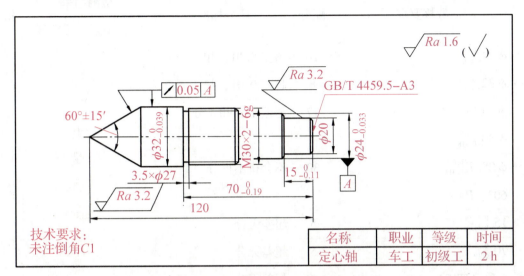

图 11-5 定心轴加工练习

表 11-14 工具、量具、刀具及毛坯准备清单

数控车工初级工工具、量具、刀具及毛坯准备清单										
序号	名称	规格	精度	数量	序号	名称	规格	精度	数量
1	游标卡尺	0~150	0.02	1把	11	带柄钻夹头			1个
2	外径千分尺	0~25、25~50	0.01	各1把	12	活顶尖			1个
3	万能角度尺	0°~320°	2	1把	13	鸡心夹头			1个
4	螺纹千分尺	25~50	0.01	1把	14	实例扳手			1副
5	中心规、螺距规	60°、米制		各1把	15	薄铜皮			若干
6	外圆车刀	45°、90°		各1把	16	磁性表座			1个
7	切断刀	$T=3.5$		1把	17				
8	中心钻	A3		1个	18				
9	螺纹车刀	60°		1个	19				
10	百分表	0~10	0.01	1个	20				
毛坯尺寸		φ35×130			材料		45钢		

表 11-15 评分表

数控车工初级工操作考件评分表　　　　　　　　考件编号：_____　　总分：_____

考核项目	考核要求	配分	评分标准	检测结果		扣分	得分
				尺寸精度	粗糙度		
外圆	$\phi 24_{-0.033}^{0}$	10	超差 0.01，扣 3 分				
	$\phi 32_{-0.039}^{0}$	8	超差 0.01，扣 3 分				
角度	$60°±15'$	17	超差 1′，扣 4 分				
螺纹	$\phi 30_{-0.318}^{-0.038}$	30	不合格不得分				
	$\phi 28.7_{-0.318}^{-0.038}$						
	$60°$、$P=2$						
长度	$15_{-0.11}^{0}$	5	超差无分				
	$70_{-0.19}^{0}$	5	超差无分				
其他	5 项（IT12）	5	超差无分				
表面	$Ra1.6$（5 处）	10	Ra 值大 1 级，扣 1 分				
几何公差	⌀ 0.05 A	10	超差无分				
安全文明	安全文明有关规定		违反有关规定，酌情扣分，总分 1~50 分				
备注	每处尺寸超差≥1，酌情扣分，考件总分 5~10 分						

（5）任务描述：加工图 11-6 所示锁紧螺母零件，试编写其轮廓加工程序并进行加工。毛坯尺寸为 $\phi 50$ mm×65 mm，材料为 45 钢，工具、量具、刀具及毛坯准备清单与评分表分别如表 11-16、表 11-17 所示。

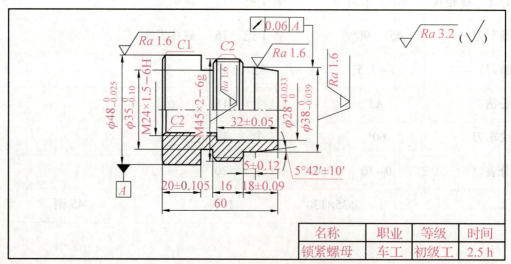

图 11-6　锁紧螺母加工练习

表 11-16 工具、量具、刀具及毛坯准备清单

序号	名称	规格	精度	数量	序号	名称	规格	精度	数量
1	游标卡尺	0~150	0.02	1把	11	内、外螺纹车刀	60°		1把
2	外径千分尺	25~50	0.01	1把	12	切断刀			1把
3	深度游标尺	0~200	0.02	1把	13	中心钻及钻夹头			各1个
4	螺纹千分尺	25~50	0.01	1把	14	麻花钻	$\phi 20$		1个
5	百分表及磁性表座	0~5	0.01	各1个	15	莫氏变径套			1套
6	螺纹塞规	M24×1.5-6H		1把	16	薄铜皮			若干
7	万能角度尺	0°~320°	2′	1把	17	活扳手			1副
8	中心规、螺距规	60°、米制		各1把	18				
9	外圆车刀	45°、90°		各1把	19				
10	内孔车刀	45°、90°		各1把	20				
毛坯尺寸		$\phi 50 \times 65$			材料		45钢		

表 11-17 评分表

数控车工初级工操作考件评分表　　　考件编号：_____　　总分：_____

考核项目	考核要求	配分	评分标准	检测结果 尺寸精度	检测结果 粗糙度	扣分	得分
外圆	$\phi 48_{-0.025}^{0}$、$\phi 38_{-0.039}^{0}$	6	超差无分				
	$\phi 35_{-0.10}^{0}$	3	超差无分				
内孔	$\phi 28_{0}^{+0.033}$	6	超差无分				
角度	5°42′±10′	10	超差1′，扣2分				
螺纹	$\phi 45_{-0.18}^{0}$、$\phi 44.026_{-0.41}^{-0.11}$ 60°、$P=2$	13	不合格不得分				
内螺纹	M24×1.5-6H	28	不合格不得分				
长度	20±0.105、18±0.09	8	超差无分				
	32±0.05、5±0.12	12	超差无分				
其他	2项（IT12）	2	超差无分				
表面	Ra1.6（4处）	4	Ra值大1级，扣1分				
几何公差	⌭ 0.06 A	8	超差0.01，扣2分				
安全文明	安全文明有关规定		违反有关规定，酌情扣分，总分1~50分				
备注	每处尺寸超差≥1，酌情扣分，考件总分5~10分						

(6) 任务描述：加工轴类零件。

①本题分值：100分。

②考核时间：考件1（180 min）、考件2（90 min）。

③考核形式：操作。

④具体考核要求：根据图11-7、图11-8所示轴类零件完成加工。

⑤否定项说明：

a. 出现危及考生或他人安全的状况将终止考试，如果原因是考试操作失误，则考生该题成绩记零分；

b. 因考生操作失误，导致设备出现故障且当场无法排除将终止考试，考生该题成绩记零分；

c. 因刀具、工具损坏而无法继续应终止考试。

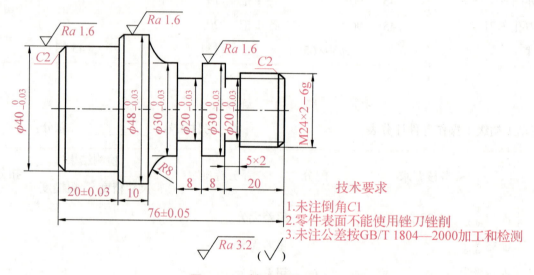

图11-7 轴类零件练习1

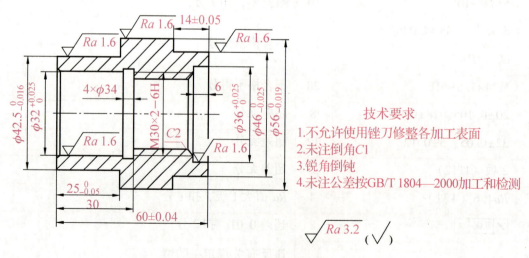

图11-8 轴类零件练习2

设备设施实施准备清单如表11-18所示。

表 11-18　设备设施实施准备清单

名称	规格	数量	要求
数控车床	根据考点情况选择		
自定心卡盘	对应工件	1 副/每台机床	
自定心卡盘扳手		1 副/每台机床	
45 钢或铝	φ50×80	1 件/每位考生	

工具及其他准备清单如表 11-19 所示。

表 11-19　工具及其他准备清单

序号	名称	型号	数量	要求
1	端面车刀	450 方形刀片	1 把	
2	外圆车刀	900~930，粗、精加工	1 把	
3	平头割槽刀	3	1 把	
4	外螺纹车刀	M24×2	1 把	
5	平板锉刀		1 把	
6	薄铜皮	0.05~0.1	若干	
7	百分表	读数 0.01	1 个	
8	游标卡尺	0.02/0~200	1 把	
9	深度游标卡尺	0.02/0~200	1 把	
10	螺纹环规		1 个	
11	磁性表座		1 个	
12	计算器		1 个	
13	草稿纸			

数控车工中级工操作技能考核总成绩表、考件 1 评分表、考件 2 评分表，分别如表 11-20、表 11-21、表 11-22 所示。

表 11-20　数控车工中级工操作技能考核总成绩表

考件编号：＿＿＿＿　姓名：＿＿＿＿　准考证号：＿＿＿＿＿＿　单位：＿＿＿＿＿＿

序号	试题名称	配分	得分	权重	最后得分	备注
1	轴类零件 1 加工	60				
2	轴类零件 2 加工	40				
	合计	100				

统分人：　　　　　　　　　　　　　　　　　　　　　　　　　　　年　月　日

表 11-21 数控车工中级工考件 1 评分表

考件编号：_____ 姓名：_____ 准考证号：_____ 单位：_____

项目	序号	考核项目	评分标准	配分	得分
工件质量	1	总长 76±0.05	每超差 0.01，扣 1 分	4	
	2	外径 $\phi 40_{-0.03}^{0}$	每超差 0.01，扣 1 分	6	
	3	外径 $\phi 20_{-0.03}^{0}$（2 处）	每超差 0.01，扣 2 分	12	
	4	外径 $\phi 48_{-0.03}^{0}$	每超差 0.01，扣 2 分	6	
	5	M24×2 螺纹	环规检验，不合格全扣	10	
	6	螺纹长度及退刀槽	长度超差扣 1 分，退刀槽宽度及底径超差扣 1 分	6	
	7	$\phi 20$ 槽	底径或槽宽每超差 0.05，扣 1 分	4	
	8	长度 10	超差 0.01，扣 1 分	8	
	9	长度 8（2 处）	每超差 0.01，扣 1 分	8	
	10	长度 20±0.03	每超差 0.01，扣 1 分	8	
	11	$R8$ 圆角	圆角不合格，扣 6 分	6	
	12	倒角（3 处）	每个倒角不合格，扣 2 分	6	
	13	$Ra1.6$ 粗糙度（3 处）	每低一个等级，扣 1 分	6	
			合计	90	
现场操作规范	1	正确使用机床	考场表现	2	
	2	正确使用量具	考场表现	2	
	3	正确使用刀具	考场表现	2	
	4	设备维护保养	考场表现	4	
			合计	10	
			总计	100	

扣分说明：凡有公差尺寸，每超差 0.01，扣 1 分；未注公差，超差±0.05 全扣

评分人：　　　　年　月　日　　　　核分人：　　　　年　月　日

表 11-22 数控车工中级工考件 2 评分表

考件编号：_____ 姓名：_____ 准考证号：_____ 单位：_____

项目	序号	考核项目	配分	得分
工件质量	1	总长 60±0.04	6	
	2	外径 $\phi 42.5_{-0.016}^{0}$	8	
	3	外径 $\phi 46_{-0.025}^{0}$	8	
	4	外径 $\phi 56_{-0.019}^{0}$	8	
	5	内径 $\phi 32_{0}^{+0.025}$	8	
	6	内径 $\phi 36_{0}^{+0.025}$	8	
	7	长度 $25_{-0.05}^{0}$	8	
	8	长度 14±0.05	6	
	9	长度 6	7	
	10	螺纹退刀槽、直径、宽度、位置	9	
	11	M32×2-6H 螺纹	10	
	12	倒角（2 处）	4	
	13	Ra1.6 粗糙度（5 处）	10	
		合计	100	

扣分说明：凡有公差尺寸，每超差 0.01，扣 1 分；未注公差，超差±0.05 全扣

评分人： 年 月 日 核分人： 年 月 日

(7) 任务描述：加工轴类零件。

①本题分值：100 分。

②考核时间：考件 3（180 min）、考件 4（90 min）。

③考核形式：操作。

④具体考核要求：根据图 11-9、图 11-10 所示轴类零件完成加工。

⑤否定项说明：

a. 出现危及考生或他人安全的状况将终止考试，如果原因是考试操作失误，则考生该题成绩记零分；

b. 因考生操作失误，导致设备出现故障且当场无法排除将终止考试，考生该题成绩记零分；

c. 因刀具、工具损坏而无法继续应终止考试。

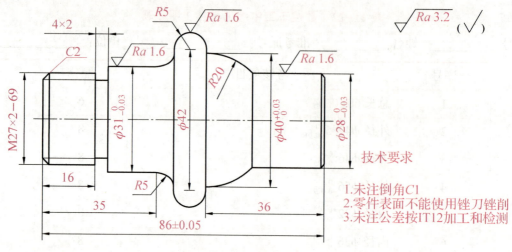

图 11-9 轴类零件练习 3

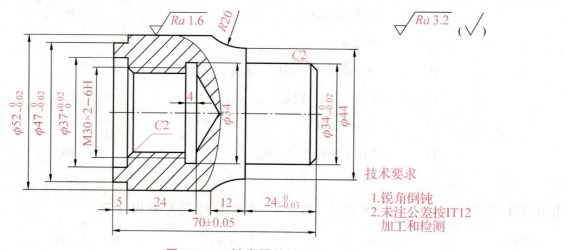

图 11-10 轴类零件练习 4

设备设施实施准备清单如表 11-23 所示。

表 11-23 设备设施实施准备清单

名称	规格	数量	要求
数控车床	根据考点情况选择		
自定心卡盘	对应工件	1 副/每台机床	
自定心卡盘扳手		1 副/每台机床	
45 钢或铝	$\phi 55 \times 90$	1 件/每位考生	
安装数控仿真软件计算机	运行数控仿真软件	1 台/每位考生	

工具及其他准备清单如表 11-24 所示。

表 11-24 工具及其他准备清单

序号	名称	型号	数量	要求
1	正手外圆车刀	450 方形刀片	1 把	
2	外圆车刀	900~930，粗、精加工	1 把	
3	平头割槽刀	3	1 把	
4	外螺纹车刀	M30×2	1 把	
5	平板锉刀		1 把	
6	薄铜皮	0.05~0.1	若干	
7	百分表	读数 0.01	1 个	
8	游标卡尺	0.02/0~200	1 把	
9	深度游标卡尺	0.02/0~200	1 把	
10	螺纹环规	M30×2	1 把	
11	磁性表座		1 个	
12	计算器		1 个	
13	草稿纸			

数控车工中级工操作技能考核总成绩表、考件 3 评分表、考件 4 评分表，分别如表 11-25、表 11-26、表 11-27 所示。

表 11-25 数控车工中级工操作技能考核总成绩表

考件编号：_____ 姓名：_____ 准考证号：_____ 单位：_____

序号	试题名称	配分	得分	权重	最后得分	备注
1	轴类零件 3 加工	60				
2	轴类零件 4 加工	40				
	合计	100				

统分人： 年 月 日

表 11-26 数控车工中级工考件 3 评分表

考件编号：_____ 姓名：_____ 准考证号：_____ 单位：_____

项目	序号	考核项目	评分标准	配分	得分
工件质量	1	总长 86±0.05	每超差 0.01，扣 1 分	6	
	2	外径 $\phi28_{-0.03}^{0}$	每超差 0.01，扣 1 分	6	
	3	外径 $\phi40_{0}^{+0.03}$	每超差 0.01，扣 1 分	6	
	4	外径 $\phi31_{-0.03}^{0}$	每超差 0.01，扣 1 分	6	
	5	M27×2 螺纹	环规检验，不合格全扣	11	
	6	螺纹长度及退刀槽	长度超差扣 1 分，退刀槽宽度及底径超差不得分	12	
	7	2-R5 圆弧	每个圆弧不合格，扣 8 分	16	
	8	长度 36	超差 0.01，扣 1 分	4	
	9	R20 圆弧	圆弧不合格，扣 8 分	8	
	10	倒角（2 处）	每个倒角不合格，扣 3 分	6	
	11	Ra1.6 粗糙度（3 处）	每低一个等级，扣 1 分	9	
			合计	90	
现场操作规范	1	正确使用机床	考场表现	2	
	2	正确使用量具	考场表现	2	
	3	正确使用刀具	考场表现	2	
	4	设备维护保养	考场表现	4	
			合计	10	
			总计	100	
扣分说明：凡有公差尺寸，每超差 0.01，扣 1 分；未注公差，超差±0.05 全扣					

评分人：　　　　年　月　日　　　　　　核分人：　　　　年　月　日

表11-27 数控车工中级工考件4评分表

考件编号：_____ 姓名：_____ 准考证号：_____ 单位：_____

项目	序号	考核项目	配分	得分
工件质量	1	总长 70±0.05	6	
	2	外径 $\phi47_{-0.02}^{0}$	8	
	3	外径 $\phi52_{-0.02}^{0}$	8	
	4	外径 $\phi34_{-0.03}^{0}$	8	
	5	外径 $\phi44$	6	
	6	内径 $\phi37_{0}^{+0.02}$	8	
	7	长度 $24_{-0.03}^{0}$	8	
	8	长度 12	6	
	9	长度 5	6	
	10	$R20$ 圆弧	8	
	11	螺纹退刀槽、直径、宽度、位置	9	
	12	M30×2-6H 螺纹	10	
	13	倒角	3	
	14	$Ra1.6$ 粗糙度（3处）	6	
		合计	100	

扣分说明：凡有公差尺寸，每超差0.01，扣1分；未注公差，超差±0.05全扣

评分人：　　　　　　年　月　日　　　　　　核分人：　　　　　　年　月　日

（8）任务描述：加工轴类零件。

①本题分值：100分。

②考核时间：考件5（180 min）、考件6（90 min）。

③考核形式：操作。

④具体考核要求：根据图11-11、图11-12所示轴类零件完成加工。

⑤否定项说明：

a. 出现危及考生或他人安全的状况将终止考试，如果原因是考试操作失误，则考生该题成绩记零分；

b. 因考生操作失误，导致设备出现故障且当场无法排除将终止考试，考生该题成绩记零分；

c. 因刀具、工具损坏而无法继续应终止考试。

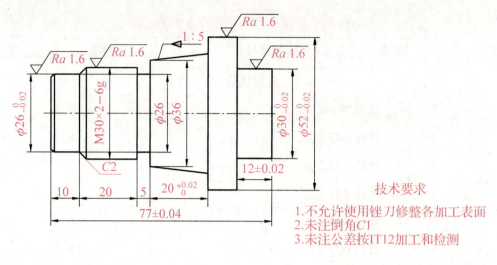

图 11-11 轴类零件练习 5

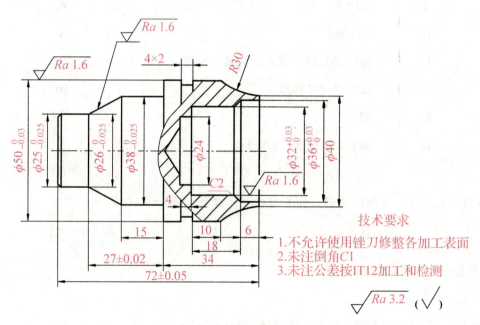

图 11-12 轴类零件练习 6

设备设施实施准备清单如表 11-28 所示。

表 11-28 设备设施实施准备清单

名称	规格	数量	要求
数控车床	根据考点情况选择		
自定心卡盘	对应工件	1副/每台机床	
自定心卡盘扳手		1副/每台机床	
45钢或铝	$\phi55\times80$	1件/每位考生	

工具及其他准备清单如表11-29所示。

表11-29 工具及其他准备清单

序号	名称	型号	数量	要求
1	正手外圆车刀	450方形刀片	1把	
2	外圆车刀	900~930，粗、精加工	1把	
3	平头割槽刀	3	1把	
4	外螺纹车刀	M30×2	1把	
5	平板锉刀		1把	
6	薄铜皮	0.05~0.1	若干	
7	百分表	读数0.01	1个	
8	游标卡尺	0.02/0~200	1把	
9	深度游标卡尺	0.02/0~200	1把	
10	螺纹环规	M30×2	1把	
11	磁性表座		1个	
12	计算器		1个	
13	草稿纸			

数控车工中级工操作技能考核总成绩表、考件5评分表、考件6评分表，分别如表11-30、表11-31、表11-32所示。

表11-30 数控车工中级工操作技能考核总成绩表

考件编号：_____ 姓名：_____ 准考证号：_____ 单位：_____

序号	试题名称	配分	得分	权重	最后得分	备注
1	轴类零件5加工	60				
2	轴类零件6加工	40				
	合计	100				

统分人：　　　　　　　　　　　　　　　　　　　　　　　　年　月　日

表 11-31 数控车工中级工考件 5 评分表

考件编号：_____ 姓名：_____ 准考证号：_____ 单位：_____

项目	序号	考核项目	评分标准	配分	得分
工件质量	1	总长 77±0.04	每超差 0.02，扣 1 分	6	
	2	外径 $\phi 30_{-0.02}^{0}$	每超差 0.02，扣 1 分	8	
	3	外径 $\phi 52_{-0.02}^{0}$	每超差 0.02，扣 1 分	8	
	4	外径 $\phi 26_{-0.02}^{0}$	每超差 0.02，扣 1 分	8	
	5	M30×2 螺纹	环规检验，不合格全扣	12	
	6	螺纹长度及退刀槽	超差不得分，退刀槽宽度及底径超差不得分	6	
	7	长度 10	超差不得分	4	
	8	长度 $20_{0}^{+0.02}$	每超差 0.01，扣 2 分	8	
	9	长度 12±0.02	每超差 0.02，扣 1 分	8	
	10	锥度 1∶5	超差不得分	10	
	11	倒角（2 处）	每个倒角不合格，扣 1 分	6	
	12	Ra1.6 粗糙度（4 处）	每低一个等级，扣 1 分	6	
			合计	90	
现场操作规范	1	正确使用机床	考场表现	2	
	2	正确使用量具	考场表现	2	
	3	正确使用刀具	考场表现	2	
	4	设备维护保养	考场表现	4	
			合计	10	
			总计	100	
扣分说明：凡有公差尺寸，每超差 0.01，扣 1 分；未注公差，超差±0.05 全扣					

评分人：　　　　　　年　月　日　　　　　　核分人：　　　　　　年　月　日

表 11-32 数控车工中级工考件 6 评分表

考件编号：_____　姓名：_____　准考证号：_____　单位：_____

项目	序号	考核项目	配分	得分
工件质量	1	总长 72±0.05	5	
	2	外径 $\phi25_{-0.025}^{0}$	7	
	3	外径 $\phi26_{-0.025}^{0}$	7	
	4	外径 $\phi38_{-0.025}^{0}$	7	
	5	外径 $\phi50_{-0.03}^{0}$	7	
	6	外径 $\phi40$	7	
	7	内径 $\phi36_{0}^{+0.03}$	7	
	8	内径 $\phi32_{0}^{+0.03}$	7	
	9	长度 27±0.02	7	
	10	长度 10	5	
	11	长度 34	5	
	12	长度 6	5	
	13	长度 15	5	
	14	螺纹退刀槽、直径、宽度、位置	9	
	15	倒角（2 处）	4	
	16	Ra1.6 粗糙度（3 处）	6	
		合计	100	

扣分说明：凡有公差尺寸，每超差 0.01，扣 1 分；未注公差，超差±0.05 全扣

评分人：　　　年 月 日　　　核分人：　　　年 月 日

参 考 文 献

[1] 李东君. 数控加工技术 [M]. 北京：机械工业出版社，2018.

[2] 赵文婕. 数控车床编程与加工 [M]. 北京：机械工业出版社，2020.

[3] 李东君. 数控编程与操作项目教程 [M]. 北京：海洋出版社，2013.

[4] 周保牛. 数控编程与加工 [M]. 北京：机械工业出版社，2019.

[5] 张丽华. 数控编程与加工 [M]. 北京：北京理工大学出版社，2014.

[6] 董建国. 数控编程与加工技术 [M]. 北京：北京理工大学出版社，2019.

[7] 燕峰. 数控车床编程与加工 [M]. 北京：机械工业出版社，2018.

[8] 高晓萍. 数控车床编程与操作 [M]. 北京：清华大学出版社，2017.

[9] 崔陵，娄海滨. 数控车床编程与加工技术 [M]. 北京：高等教育出版社，2017.

[10] 周晓宏. 数控编程与加工一体化教程 [M]. 北京：中国电力出版社，2016.

[11] 朱明松. 数控车床编程与操作项目教程 [M]. 北京：机械工业出版社，2017.

[12] 李武. 数控车床编程与加工实训 [M]. 天津：天津大学出版社，2016.